Mohammed Ismail

O impacto das estações de tratamento de águas residuais no ambiente

Mohammed Ismail

O impacto das estações de tratamento de águas residuais no ambiente

ScienciaScripts

Cover image: www.ingimage.com

This book is a translation from the original published under ISBN 978-620-2-31035-2.

Publisher:
Sciencia Scripts
is a trademark of
Dodo Books Indian Ocean Ltd. and OmniScriptum S.R.L publishing group

120 High Road, East Finchley, London, N2 9ED, United Kingdom
Str. Armeneasca 28/1, office 1, Chisinau MD-2012, Republic of Moldova, Europe
Printed at: see last page
ISBN: 978-620-8-32727-9

Conteúdo

Capítulo 1

1-1- Introdução:

A nível mundial, são recolhidos anualmente mais de 368 km^3 de águas residuais. Apenas 160 km^3 são tratados antes de serem eliminados no ambiente natural e 7,1 km^3 são reutilizados. Até 2015, a capacidade mundial de reutilização das águas residuais tratadas atingirá 20 km^3 por ano. Devido à falta de vontade dos consumidores e a necessidades importantes relacionadas com certas actividades, a água+++++++++++ resultante das estações de tratamento é geralmente utilizada pelas indústrias e para a agricultura e paisagismo. Nos países em desenvolvimento e nos países desenvolvidos, a rápida urbanização e a consequente procura crescente de água potável e industrial estão a exigir projectos dispendiosos e de grande escala. A escassez de água doce constitui um grave problema na região mediterrânica e, em particular, nas zonas áridas e semi-áridas do Sul e do Médio Oriente, e está a dar origem a graves problemas paralelos de efluentes. Estes problemas são tratados com maior ou menor sucesso em função da capacidade de desenvolver estratégias de tratamento de águas residuais eficazes, racionais e económicas.

No entanto, o tratamento da água é dispendioso e requer um financiamento avultado. Tendo em conta o que precede, é evidente que não só a gestão eficiente da água, mas também a investigação alargada, a educação e os programas de sensibilização dos consumidores são de importância vital (Damia e Rey 2011). Os sistemas de esgotos utilizam a água para transportar os resíduos através de tubagens. Podem melhorar a saúde da comunidade, especialmente em áreas urbanas com muita gente. No entanto, para evitar problemas de saúde, o esgoto deve ser tratado para tornar a água segura para retornar aos cursos de água e para reutilização. Esta prática espalha os resíduos e todos os germes, vermes e produtos químicos tóxicos que possam conter, causando problemas de saúde como a hepatite, a cólera e a febre tifoide nos locais onde os esgotos são despejados. Mesmo com um tratamento de esgotos dispendioso, a utilização da água para transportar os resíduos não é, muitas vezes, sustentável e pode causar problemas como: contaminação das fontes de água potável a jusante, contaminação dos terrenos onde as pessoas vivem e cultivam, perda de recursos nutritivos (fertilizantes) para a agricultura, os banhos, a agricultura e maus cheiros (Jeff e Pam 2008).

A maioria dos países exige que os seus municípios tratem as águas residuais antes de as descarregarem no ambiente. Os processos de tratamento das águas residuais municipais foram concebidos para receber as águas residuais municipais brutas provenientes de fontes domésticas e industriais e produzir um efluente líquido de qualidade adequada que possa ser devolvido às águas superficiais naturais com um impacto mínimo no ambiente e na saúde pública. Um subproduto deste processo, designado por lamas ou biossólidos, contém as fracções sólidas das águas residuais brutas e os sólidos produzidos durante os processos de tratamento das águas residuais. O tratamento tanto dos efluentes como das lamas é efectuado para atingir níveis de qualidade adequados à eliminação ou à reciclagem (Lawrence *et al* 2010). A utilização de águas residuais na agricultura tem sido um fenómeno comum desde os primeiros tempos. O valor nutritivo das águas residuais não tratadas foi reconhecido e, consequentemente, utilizado em benefício da produção agrícola. No entanto, com o aumento da população urbana, a mudança de estilos de vida e a industrialização, a qualidade das águas residuais tem-se deteriorado ao longo dos anos e, por isso, requer tratamento antes de poder ser reciclada para qualquer fim. Uma vez que o tratamento das águas residuais é um processo dispendioso, muitas das nações subdesenvolvidas e em desenvolvimento de África e da Ásia não têm conseguido tratar as suas águas residuais a níveis adequados e continuam a utilizá-las na agricultura com efeitos deletérios a longo prazo (Gayathri *et al* 2008) no solo, nas águas subterrâneas e na saúde humana. No entanto, muitas das cidades com escassez de água na Europa, América do Norte e Austrália são capazes de tratar as suas águas residuais a níveis adequados e reciclá-las para reutilização em indústrias, áreas residenciais e jardins urbanos e relvados desportivos. Enquanto que a falta de tratamento das águas residuais a níveis adequados antes da sua utilização é um problema importante nos países em desenvolvimento, o custo elevado da reciclagem das águas residuais é o principal problema nos países desenvolvidos (Gayathri *et al* 2008). As águas residuais tratadas são águas residuais que foram processadas através de uma estação de tratamento de águas residuais e foram sujeitas a um ou mais processos físicos, químicos e biológicos para reduzir a sua poluição ou perigo para a saúde, em comparação com a maioria dos países desenvolvidos onde as águas residuais são tratadas antes da sua reutilização. Em muitos países em desenvolvimento, as águas residuais são utilizadas na agricultura, com ou sem tratamento (Liga e Priyantha 2008). As águas residuais domésticas são águas residuais que foram utilizadas por uma comunidade e que contêm todos os materiais adicionados à água durante a sua utilização. São assim constituídas pelos resíduos do corpo humano (fezes e urina), juntamente com a água utilizada nas descargas das sanitas, e pelo chorume, que é a água residual resultante da lavagem de roupa, da lavandaria, da preparação de alimentos e da limpeza dos utensílios de cozinha (Mara, 2003). Os parâmetros físicos incluem a cor, o odor, a temperatura, os sólidos (resíduos), a turvação, os óleos e as gorduras. Os sólidos podem ainda ser classificados em sólidos suspensos e dissolvidos (tamanho e sedimentabilidade), bem como em fracções orgânicas (voláteis) e inorgânicas (fixas). Os parâmetros químicos associados ao conteúdo orgânico das águas residuais incluem a carência bioquímica de oxigénio (CBO), a carência química de oxigénio (CQO), o carbono orgânico total (COT) e a carência total de oxigénio (DTO). A CBO é uma medida dos compostos orgânicos presentes na água, determinada através da medição do oxigénio necessário para bioestabilizar os compostos orgânicos (o equivalente em oxigénio dos compostos orgânicos biodegradáveis presentes). Os parâmetros químicos inorgânicos incluem a salinidade, a dureza, o pH, a acidez, a alcalinidade, o ferro, o manganês, os cloretos, os sulfatos, os sulfuretos, os metais pesados (mercúrio, chumbo, crómio, cobre e zinco), o azoto (orgânico, amoníaco, nitrito e nitrato) e o fósforo. Os parâmetros bacteriológicos incluem formas de coli, formas de coli fecal, agentes patogénicos específicos e vírus (David e Bela 1999). Uma proporção significativa das bactérias, vírus, protozoários e ovos de vermes parasitas presentes nas águas residuais concentram-se nas lamas durante o tratamento das águas residuais. O número e os tipos de organismos presentes variam, dependendo de factores como a densidade populacional, os hábitos sanitários e o tratamento das lamas (Laverence et *al*, 2009). Os problemas associados à eliminação das águas residuais tornaram-se um dos principais problemas do mundo urbano devido ao aumento da população humana e da urbanização. A semelhança dos problemas relacionados com as águas residuais nas zonas costeiras do mundo é significativa, uma vez que estas zonas são habitadas por mais de 60% da população humana. Consequentemente, as descargas de águas residuais domésticas são consideradas uma das ameaças mais significativas para os ambientes costeiros em todo o mundo (GPA 2001). Os efeitos ambientais associados às descargas de águas residuais domésticas são geralmente locais, com implicações na fronteira do Tran em algumas zonas. As águas costeiras enfrentam uma variedade de pressões que afectam tanto o ecossistema como a saúde humana através de práticas de descarga e eliminação de águas residuais que podem levar à introdução de elevadas cargas de nutrientes, produtos químicos perigosos e agentes patogénicos causadores de doenças. Os impactos adversos na saúde pública, no ambiente, na socioeconomia, na qualidade e segurança alimentar e na estética decorrentes da contaminação das águas residuais nas zonas costeiras estão bem documentados (Danulat *et al* 2002). (OMS 2003). A poluição das águas costeiras interfere geralmente com várias utilizações da água. Os bivalves cultivados são geralmente criados em áreas que são frequentemente densamente povoadas e são sensíveis à poluição pesada das actividades humanas. Os agentes patogénicos transmitidos pelas fezes humanas são os mais frequentemente envolvidos e a descarga de esgotos poluídos por agentes patogénicos humanos e animais no mar representa a principal fonte de poluição bacteriana. Todos os agentes patogénicos presentes na água do mar podem ser retidos e concentrados nos tecidos dos bivalves, representando assim um perigo potencial para a saúde. A legislação, as diretivas e as normas de qualidade da água para várias utilizações costeiras, como a apanha de marisco, a recreação, o consumo de água e a aquicultura, foram desenvolvidas em muitos países para limitar os problemas associados aos esgotos. Estas normas não são geralmente cumpridas devido a uma má gestão dos esgotos. A má gestão resulta normalmente do facto de as decisões de gestão dos resíduos terem lugar em situações complexas regidas por forças políticas, burocráticas e financeiras que interferem frequentemente com a aplicação dos regulamentos e normas existentes. Na maioria dos casos, as decisões de eliminação de resíduos encontram resistência e ineficiência na eventual implementação administrativa e dificuldades financeiras que afectam a capacidade do eliminador para cumprir a decisão original. O facto de a maioria das populações urbanas depender das águas superficiais costeiras que, de uma forma ou de outra, são normalmente utilizadas para a eliminação de esgotos, faz com que a poluição da água seja o principal problema que exige práticas de gestão sólidas para conter os impactos (Owili ,2003).

Capítulo 2

1-4- Revisão da literatura

1-4 -1-Poluição das águas:

A necessidade mais importante da vida é a água. A falta de água potável limpa e fresca leva ao sofrimento. Esta situação é causada principalmente pela produção de resíduos de esgotos misturados com as massas de água, devido à urbanização não planeada, e tem contribuído largamente para causar uma grave poluição da água. As principais fontes de poluição da água podem ser atribuídas à descarga de resíduos sanitários e industriais não tratados. É sabido que 70-80% de todas as doenças nos países em desenvolvimento estão relacionadas com a contaminação da água, sendo particularmente susceptíveis as mulheres, as crianças e os idosos. Os poluentes descarregados nas águas residuais podem ser tóxicos para a vida aquática e fazer com que as águas naturais sejam impróprias como fontes de água potável (Sastry R, etal 2013).

1-4-2 - Definição de águas residuais: As águas residuais têm origem nos resíduos domésticos, nos resíduos humanos e animais, nas águas residuais industriais, no escoamento de tempestades e na infiltração de águas subterrâneas. As águas residuais são, basicamente, o fluxo de água usada de uma comunidade. É, em grande parte, o abastecimento de água de uma comunidade depois de ter sido contaminada por vários usos (Shun e Lee 2007).

1-4-3 Composição das águas residuais: Embora a composição real das águas residuais possa diferir de comunidade para comunidade. Todas as águas residuais municipais contêm os seguintes grupos alargados de constituintes: Matéria orgânica, nutrientes (azoto, fósforo, potássio), matéria inorgânica (minerais dissolvidos), substâncias químicas tóxicas e agentes patogénicos (Intizar *et al* 2002). A força e a composição das águas residuais variam de hora a hora, diariamente e sazonalmente, dependendo a força média do consumo de água per capita, da infiltração, do escoamento superficial, bem como dos hábitos e da dieta locais. Os esgotos são constituídos por 99,9% de água, sendo que o material que tem de ser removido representa apenas 0,1% do volume, sendo este material sólido uma mistura de fezes, partículas de alimentos e gordura (Gray 2010).

1-4-4 Fontes de águas residuais: águas residuais sanitárias e águas residuais pluviais; as águas residuais sanitárias dividem-se em duas classes.

(1) Esgotos domésticos: Trata-se de resíduos líquidos provenientes de cozinhas e casas de banho, vulgarmente designados por lamas e matérias excrementícias, como a urina e o lamaçal noturno, provenientes de zonas residenciais, escritórios e instituições.

(2) Resíduos industriais: Trata-se de resíduos provenientes de indústrias e processos dc fabrico, também designados por resíduos comerciais em geral

(3) Esgotos pluviais: Trata-se de qualquer água de superfície, incluindo a água da chuva da cidade, que pode ser admitida em condutas subterrâneas (Lal , 2008). As águas residuais são, na sua maioria, o abastecimento de água utilizada numa comunidade; podem ser uma combinação de resíduos de água provenientes de habitações, empresas, instituições e indústrias; e podem conter águas subterrâneas, águas superficiais e águas pluviais. A produção de esgotos por uma determinada comunidade é difícil de estimar. No entanto, esta pode ser medida na estação de tratamento de águas residuais através da avaliação do fluxo real de resíduos (Herman e Michael 2003).

1-4-5 Força das águas residuais: Quanto maior for a concentração de matéria orgânica numa água residual, mais "forte" se diz que ela é. A força das águas residuais de uma comunidade é regida, em grande medida, pelo seu consumo de água. Assim, nos Estados Unidos, onde o consumo de água é elevado (350-400 L/pessoa/dia), as águas residuais são fracas (CBO 2_5^0 = 200-250 mg/L), enquanto que nos países tropicais as águas residuais são fortes (CBO5^{20} = 350-700 mg/L), uma vez que o consumo de água é tipicamente muito mais baixo (40-100L/pessoa/dia). Mara (2003).

Resistência das águas residuais em termos de CBO5[20] e CQO

Strength	BOD_5^{20}mg/L	COD mg/L
Weak	Less than 200	Less than 400
Medium	350	700
Strong	500	1000
Very strong	More than 750	More than 1500

Fonte: Mara 2003

1-4-5 Estimativas do caudal de águas residuais: O caudal de águas residuais esperado de vários estabelecimentos pode variar, dependendo do dia da semana, da estação do ano, dos hábitos das pessoas, da pressão da água, do tipo e número de instalações sanitárias e do tipo de local ou empresa. Por esse motivo, o projeto do sistema sético deve basear-se no caudal máximo médio para garantir uma capacidade adequada (Salvato2009). Os esgotos ou águas residuais dividem-se em água propriamente dita e três categorias de poluentes: sólidos em suspensão, materiais coloidais e material dissolvido (Tiwari 2009).

1-4-6 Caraterísticas das águas residuais: As águas residuais municipais são constituídas principalmente por água (99,9%), juntamente com concentrações relativamente pequenas de sólidos orgânicos e inorgânicos em suspensão e dissolvidos. Entre as substâncias orgânicas presentes nas águas residuais contam-se os hidratos de carbono, a lenhina, as gorduras, os sabões, os detergentes sintéticos, as proteínas e os seus produtos de decomposição, bem como vários produtos químicos orgânicos naturais e sintéticos provenientes das indústrias transformadoras. As águas residuais municipais também contêm uma variedade de substâncias inorgânicas de origem doméstica e industrial, incluindo uma série de elementos potencialmente tóxicos como o arsénio, o cádmio, o crómio, o cobre, o chumbo, o mercúrio, o zinco, etc. Mesmo que os materiais tóxicos não estejam presentes em concentrações susceptíveis de afetar os seres humanos, podem estar em níveis fitotóxicos, o que limitaria a sua utilização agrícola.

No entanto, do ponto de vista da saúde, uma consideração muito importante na utilização agrícola das águas residuais, os vírus, bactérias, protozoários e helmintas patogénicos podem estar presentes nas águas residuais municipais brutas e sobreviverão no ambiente durante longos períodos. As bactérias patogénicas estarão presentes nas águas residuais a níveis muito mais baixos do que as bactérias do grupo coliforme, que são muito mais fáceis de identificar e enumerar (como coliformes totais/100ml). *Escherichia coli* é o indicador mais amplamente adotado de poluição fecal e também pode ser isolado e identificado de forma bastante simples, com os seus números geralmente sendo dados sob a forma de coliformes fecais (CF)/100 ml de águas residuais (Pescod, 2007). A compreensão das caraterísticas físicas, químicas e biológicas das águas residuais é muito importante na conceção, operação e gestão da recolha, tratamento e eliminação das águas residuais. A natureza das águas residuais inclui caraterísticas físicas, químicas e biológicas que dependem da utilização da água na comunidade, das contribuições industriais e comerciais, das condições climatéricas e da infiltração/influxo (Shun e Lee 2007); (Rober e Timoth 2002).

1-4-6-1 Caraterísticas físicas: A caraterística física mais importante das águas residuais é o seu teor de sólidos totais, que é composto por matéria flutuante, matéria sedimentável, matéria coloidal e matéria em solução. Outras caraterísticas físicas importantes incluem a distribuição granulométrica, a turbidez, a cor, a temperatura, a condutividade e a densidade. Gravidade específica e peso específico. Odor, por vezes considerado um fator físico (Metcalf e Eddy 2003)

1-4-6-1-1 Sólidos: Os sólidos compreendem a matéria suspensa ou dissolvida na água e nas águas residuais. Os sólidos dividem-se em várias fracções diferentes e as suas concentrações fornecem informações úteis para a caraterização das águas residuais e para o controlo dos processos de tratamento. (Acardio e Gregoria 2003)

1-4-6-1-2 Sólidos totais: Os sólidos totais das águas residuais são os materiais que restam depois de a água ter sido evaporada da amostra. A evaporação é normalmente efectuada a 103-105°C. Os sólidos totais podem ser classificados como filtráveis e não filtráveis. A fração filtrável contém as partículas coloidais e os sólidos dissolvidos que passam através do filtro num procedimento laboratorial prescrito. A fração não filtrável contém as fracções sedimentáveis e as fracções não sedimentáveis que não passaram pelo filtro. Os sólidos totais (TS) são a soma dos sólidos suspensos totais e dos sólidos dissolvidos totais (TDS). Cada um destes grupos pode ainda ser dividido em fracções voláteis e fixas (Acardio e Gregoria 2003).

1-4-6-1-3 Sólidos Suspensos Totais (SST): Remoção de sólidos suspensos totais, quer por sedimentação (sedimentação) quer por flotação. A sedimentação é de longe a técnica mais comum no tratamento de águas residuais; envolve pouco equipamento mecânico e é a mais estável de operar. No entanto, há algumas situações em que a flotação é a melhor escolha, ou em que a sedimentação pode nem sequer funcionar; a remoção de gorduras e proteínas dos efluentes da indústria alimentar, ou de partículas inorgânicas finas produzidas durante a extração mineira são exemplos clássicos. Os clarificadores que geram uma manta de lamas de nível intermédio são amplamente utilizados na indústria de abastecimento de água e são utilizados com êxito para a remoção de sólidos fibrosos, por exemplo, na indústria do papel. Os clarificadores simples colocados no topo de um tanque de decantação convencional e utilizando uma rede metálica em cunha ou meios de cascalho, são úteis para melhorar o desempenho da remoção de sólidos ou quando o tratamento secundário está sobrecarregado. É possível obter efluentes de qualidade muito elevada com um teor insignificante de sólidos após a passagem por clarificadores de fluxo ascendente. No extremo 'low-tech', as lagoas têm muito a recomendá-las quando há muito espaço e a possível geração de odores não é uma preocupação. Os sólidos suspensos totais (SST) são referidos como resíduos não filtráveis. Os SST são um parâmetro de qualidade muito importante para a água e as águas residuais e constituem uma norma para os efluentes do tratamento de águas residuais. Os padrões de SST para efluentes primários e secundários estabelecidos pela OMS são geralmente 30-12mg/L, respetivamente. (John, 2000).e

Pravat Ranjan Dixit *et al.* ,2013 mencionaram que o valor mais elevado de TSS (56,88 mg/l) registado durante a estação das chuvas no rio, o que indica o escoamento do rio, os efluentes industriais e os esgotos municipais contaminados no estuário. Além disso, Mark sustaric 2009 menciona que valores mais elevados de concentração de sólidos suspensos totais de TSS devido à sobrecarga do clarificador ou à presença de bactérias indesejáveis 1-4-6-1-4Sólidos Totais Dissolvidos (TDS): Os sólidos totais dissolvidos são também chamados resíduos filtráveis. Os sólidos totais dissolvidos nas águas residuais brutas situam-se entre 250 e 850 m/L (Shun e Lee 2007). Os sólidos totais dissolvidos (TDS) nas águas subterrâneas devem-se ao aumento da meteorização dos minerais a partir dos ácidos produzidos como subprodutos do processo de degradação. Os valores de TDS apresentados pelo medidor de condutividade/TDS são calculados a partir da condutância específica da água subterrânea e podem ser aproximados pela seguinte equação TDS = ke×EC, onde TDS é expresso em miligrama por litro e EC é a condutividade eléctrica em microsiemens por centímetro O fator de correlação ke varia entre 0,55 e 0,8. O ke para as amostras medidas com o medidor de condutividade/ TDS neste estudo foi de 0,67 (Eliot *et al* 2004). Os sólidos totais dissolvidos (TDS) são o termo utilizado para descrever os sais inorgânicos e pequenas quantidades de matéria orgânica presentes em solução na água. Os principais constituintes são normalmente os catiões cálcio, magnésio, sódio e potássio e os aniões carbonato, hidrogenocarbonato, cloreto, sulfato e nitrato. A presença de sólidos dissolvidos na água pode afetar o seu sabor: excelente, menos de 300 mg/litro; boa, entre 300 e 600 mg/litro; razoável, entre 600 e 900 mg/litro; má, entre 900 e 1200 mg/litro; e inaceitável, superior a 1200 mg/litro Água. A água com concentrações extremamente baixas de TDS pode também ser inaceitável devido ao seu sabor insípido e sem sabor. Os TDS na água de abastecimento têm origem em fontes naturais, esgotos, escoamento urbano e agrícola e águas residuais industriais. Os sais utilizados para o degelo de estradas também podem contribuir para a carga de TDS no abastecimento de água. Verificou-se que as concentrações de TDS de fontes naturais variam entre menos de 30 mg/L e até 6000 mg/litro, dependendo da solubilidade dos minerais em diferentes regiões geológicas. Nos primeiros estudos, foram relatadas relações inversas entre as concentrações de TDS na água potável e a incidência de cancro, doença coronária, doença cardíaca arteriosclerótica e doença cardiovascular. (OMS 2003); (e Lee, 2007). (Patel Vaishali e Parikh Punita (2013) mencionaram que os sólidos totais dissolvidos máximos foram observados durante a estação do verão (3339,33 mg/l) do que nas estações do inverno e do outono 890 mg/l.

1-4-6-1-5Condutividade eléctrica (CE)mS/cm: A condutividade eléctrica é uma medida da quantidade total de sal presente na água. Quanto maior for o número de iões, maior será a condutividade (Mosley et al., 2004).A condutividade eléctrica é normalmente utilizada como uma expressão da concentração total de sal dissolvido numa amostra aquosa, embora também seja afetada pela temperatura da amostra.Além disso, nem todos os solutos dissolvidos existem como espécies carregadas; alguns são não-iónicos e alguns dos iões combinam-se para formar pares de iões que são menos carregados (podem até ser neutros) e, assim, contribuem proporcionalmente menos para a condução eléctrica do que quando totalmente dissociados. (Rhoades, etal 2009).Efeito da temperatura: As medições de condutividade dependem da temperatura; se a temperatura aumentar, a condutividade aumenta. (Hewitt, 2004). A condutividade eléctrica é uma propriedade da qualidade da água frequentemente medida quando são recolhidas amostras ambientais de água. É uma medição simples e altamente exacta e é utilizada em muitas aplicações ambientais e industriais. Nas soluções, a condutividade eléctrica é a soma das condutividades de todos os constituintes condutores. As medições da condutividade eléctrica têm sido utilizadas para prever a salinidade, a força iónica, as concentrações dos principais solutos e as concentrações totais de sólidos dissolvidos em águas naturais. (Blaine, 2011) .

1-4-6-1-6Temperature: A maioria dos indivíduos considera a água a temperaturas de 10-15 C^0 mais palatável. As águas subterrâneas e as águas das zonas montanhosas encontram-se normalmente dentro deste intervalo. As águas superficiais estão, naturalmente, sujeitas ao efeito da temperatura ambiente e podem ser muito quentes durante o verão. A temperatura da água afecta a eficiência das unidades de tratamento. Por exemplo, em temperaturas frias, a viscosidade aumenta. Este facto, por sua vez, reduz a eficiência da sedimentação dos sólidos que a água possa conter, devido à resistência que a elevada viscosidade oferece ao movimento descendente das partículas durante a sua sedimentação. (Acardio e Gregoria 2003). A temperatura é um dos parâmetros físicos que revela uma grande quantidade de informação sobre o estado da fonte de água. As alterações de temperatura podem dever-se a variações sazonais ou diárias ou à eliminação de água quente. Podem também ser devidas à eliminação de águas provenientes de processos industriais ou de centrais eléctricas (poluição térmica). Os efeitos notáveis de uma temperatura incluem: (1) aceleração e motivação de reacções químicas e taxas de reação. (2) A temperatura pode afetar a taxa de reação dos microrganismos.(3) Redução da concentração de oxigénio dissolvido.(4) Redução da solubilidade dos gases.(5) Aumento da carência bioquímica de oxigénio (CBO).(6) Aumento da taxa de corrosão das substâncias.(7) Aumento da sensibilidade dos animais aquáticos às substâncias tóxicas dissolvidas no meio aquático.(8) Um aumento da temperatura pode provocar uma alteração nas espécies de peixes que podem existir na massa de água recetora se forem descarregadas nela quantidades significativamente grandes de água aquecida.(9) Temperaturas mais elevadas podem favorecer o crescimento de plantas aquáticas indesejáveis e de fungos das águas residuais.(10) Afetar o tempo necessário para uma digestão substancialmente completa, que depende da temperatura a que o digestor é operado. As árvores tendem a manter a temperatura máxima diária mais baixa. A monitorização contínua da temperatura é um pré-requisito que deve ser efectuado para fontes de água e efluentes de águas residuais (Abd el-magid e Donald 2005).

1-4-6-2 Caraterística química:

1-4-6-2-1 Carência bioquímica de oxigénio ($CBO5^{20}$): A carência bioquímica de oxigénio ($CBO5^{20}$) é definida como a quantidade de oxigénio necessária para as bactérias decomporem o material orgânico numa amostra em "condições aeróbias a 20 "C durante um período de 5 dias. (Sreemahdevan 2009).($CBO5^{20}$). A quantidade de oxigénio necessária para o processo de oxidação acima referido é uma medida do ensaio. O teste é aplicado a fontes de água doce (rios, lagos), águas residuais (domésticas, industriais), massas de água receptoras poluídas, águas marinhas (estuários, águas costeiras) e é também aplicado para descobrir o nível de poluição e também o desempenho das estações de tratamento de resíduos (Gautam, 2005). A determinação da $CBO5^{20}$ é um teste empírico amplamente utilizado para medir a carga de resíduos de e para as estações de tratamento de águas residuais, para avaliar a eficiência da remoção orgânica dos processos de tratamento e para avaliar a capacidade de assimilação dos cursos de água. (Shun e Lee2007). De acordo com a EPA, o tratamento primário remove normalmente apenas cerca de 35% dos poluentes que exigem oxigénio. O tratamento primário e secundário em conjunto remove 84. 89% dos poluentes que necessitam de oxigénio (Mark, 2004).

Aplicação dos dados de $CBO5^{20}$: Determinar a força dos resíduos domésticos e industriais em termos de oxigénio necessário para a estabilização dos resíduos. Medir a quantidade de matéria orgânica biologicamente oxidável presente nos resíduos. O $CBO5^{20}$ é um parâmetro de critério importante no controlo da poluição dos cursos de água. Os dados de $CBO5^{20}$ são utilizados para avaliar a capacidade de auto-purificação das massas de água receptoras). A $CBO5^{20}$ é uma das normas regulamentares para a descarga de efluentes. É utilizado para a conceção de estações de tratamento de águas residuais. O teste de $CBO5^{20}$ é um dos métodos mais importantes na análise sanitária para determinar o poder poluente ou a força dos esgotos, resíduos industriais ou água poluída. Serve como medida da quantidade de água limpa necessária para a eliminação bem sucedida de águas residuais por diluição. O teste tem a sua aplicação mais alargada na medição da carga de resíduos em estações de tratamento e na avaliação da eficiência desses sistemas de tratamento (Sreemahdevan 2009). MuhammadAslam e etal (2013) mencionaram que as águas não poluídas adequadas para a produção pesqueira têm tipicamente valores de $CBO5^{20}$ de 2 mg/l ou menos.

Descarga de efluentes: a norma $CBO5^{20}$ foi prescrita pela (OMS 2004) como sendo: 30 mg/L para eliminação no rio, 350 mg/L em esgotos públicos, 160 mg/L em terra para irrigação e zonas costeiras marinhas. (Maiti 2004) mencionou que a $CBO5^{20}$ 3 mg/L ou menos para águas balneares.

Estimativa dos caudais de água e das concentrações de $CBO5^{20}$: Os fluxos médios de água devem ser cuidadosamente estimados, uma vez que têm efeitos diretos na dimensão dos tanques e nos custos de construção. Um projeto adequado corresponde a 85% do consumo interno de água. A $CBO5^{20}$ pode ser medida se existirem águas residuais com base em dados de caudal ponderados durante 24 horas. Em alternativa, a $CBO5^{20}$ pode ser estimada a partir da seguinte equação: $Li = 1000B/q$

Em que Li é a $CBO5^{20}$ das águas residuais (mg/l), B é a contribuição da $CBO5^{20}$ (q/capita.dia) e q é o fluxo de águas residuais (L/capita.dia). Os valores de B variam entre 30 e 70g/capita.dia, sendo que as comunidades ricas produzem mais $CBO5^{20}$ do que as comunidades pobres. Um projeto típico para uma área urbana num país em desenvolvimento seria de 40 - 50 gramas de $CBO5^{20}$ /capita.dia. Embora seja perigoso generalizar, tendo em conta as grandes variações que podem ser esperadas com diferentes costumes sociais, religião, etc., uma contribuição de $CBO5^{20}$ per capita de 40 gramas/dia, com uma contribuição de águas residuais de cerca de 100 litros/capita.dia é provavelmente uma estimativa inicial razoável onde existe um abastecimento de água doméstico; no entanto, os fluxos também podem ser consideravelmente menores. A faixa usual de coliformes totais em águas residuais brutas é de 10 - 10 cfu/100 ml, com um valor de projeto adequado sendo 5 x 10 cfu/100 ml (Kayombo e Ladegaard 2006).

1-4-6-2-2 Carência química de oxigénio (CQO): O ensaio de carência química de oxigénio (CQO) determina a necessidade de oxigénio equivalente da matéria orgânica suscetível de ser oxidada com a ajuda de um oxidante químico forte. É um parâmetro importante, de medição rápida, como meio de medir a resistência orgânica de cursos de água e massas de água poluídas. O ensaio pode ser relacionado empiricamente com a $CBO5^{20}$ carbono orgânico ou matéria orgânica em amostras provenientes de uma fonte específica, tendo em conta as suas limitações. O teste é útil no estudo da avaliação do desempenho de estações de tratamento de águas residuais e na monitorização de massas de água relativamente poluídas. A determinação da CQO tem vantagens sobre a determinação da $CBO5^{20}$. Os resultados da CQO podem ser obtidos em 3-4 horas, em comparação com os 5 dias necessários para o teste da $CBO5^{20}$. Além disso, o teste é relativamente fácil, preciso e não é afetado por interferências como no teste de $CBO5^{20}$. (Gautam 2005), as águas residuais domésticas não tratadas, a CQO varia entre 250 e 1000mg/L, para as águas residuais domésticas não tratadas típicas o rácio CBO/CQO varia entre 0,4 e 0,8 (Gabriel Bitton, 2005).

Aplicação da CQO: Extensivamente utilizada na análise de águas residuais domésticas e industriais. Em conjunto com o teste de $CBO5^{20}$, o teste de CQO é útil para indicar condições tóxicas e a presença de substâncias orgânicas biologicamente resistentes. O teste de CQO é amplamente utilizado na operação de instalações de tratamento devido à rapidez com que os resultados podem ser obtidos. Descarga de efluentes 250 mg/L, em águas superficiais interiores e zonas costeiras marinhas (OMS, 2004).

1-4-6-2-3pH: O pH é definido como o logaritmo do recíproco da concentração de iões de hidrogénio. A concentração aumenta e a solução torna-se mais ácida à medida que o valor do pH diminui abaixo de 7,0; a solução torna-se mais alcalina à medida que a concentração diminui e o valor do pH aumenta acima de 7,0 (Salvato 2009). Tanto as vagens anaeróbias como as facultativas funcionam de forma mais eficiente em condições ligeiramente alcalinas. As águas residuais industriais que são susceptíveis de causar valores extremos de pH nos tanques devem ser controladas na fonte em vez de introduzir a complexidade do ajuste do pH na entrada dos tanques (OMS 2007).

Efeito do pH: Estudos indicam que o pH ótimo para os organismos desnitrificantes se situa entre 6,5 e 7,5, o mesmo que para a maioria das bactérias saprófitas. O facto de o pH do efluente das unidades de nitrificação poder exceder 7,5 nalgum momento do ano não constitui um problema particular, porque o dióxido de carbono gerado pela oxidação da matéria carbonosa na unidade de desnitrificação reduz rapidamente o pH para o intervalo favorável abaixo de 7,5. Não há necessidade de adição de produtos químicos para controlar o pH (Lawrence *et al* 2009).

pH do solo: O pH do solo é o fator mais importante que controla a solubilidade dos metais. Todos os oligoelementos essenciais são mais solúveis a um pH baixo. A solubilidade dos carbonatos, fosfatos e sulfuretos metálicos aumenta a um pH baixo. Os metais pesados estão mais disponíveis para as plantas abaixo de pH 6,5. A solubilidade da maioria dos metais pesados ou oligoelementos aumenta à medida que a acidez do solo aumenta. A concentração efectiva de Zn e Cu por cada unidade aumenta com o pH do solo. A um pH baixo, os metais pesados são mais solúveis e móveis na solução do solo. (Também Mark S, menciona que se o pH pode ser baixo ou alto na bacia de arejamento da estação de tratamento, devido à ausência de atividade biológica.

1-4-6-3- Caraterísticas biológicas: As águas residuais contêm agentes patogénicos provenientes de resíduos humanos e animais descarregados no sistema de esgotos. Além disso, o escoamento superficial combinado com o sistema de esgotos conterá agentes patogénicos de mamíferos (especialmente animais) e aves. As condições globais e regionais, como o clima, também podem afetar o tipo e o número de certos agentes patogénicos. A mobilidade da nossa sociedade, a facilidade de viajar e o afluxo de indivíduos de países em vias de desenvolvimento, especialmente de regiões semitropicais ou tropicais, aumentam a probabilidade de o número e o tipo de parasitas entrarem nas águas residuais (Eliot 2003). Depois de passarem pelos aspectos físicos do tratamento (i.e., crivagem, remoção de sedimentos e sedimentação) no tratamento preliminar e primário, as águas residuais ainda contêm alguns sólidos em suspensão e outros sólidos que se encontram dissolvidos na água. Num curso de água natural, estas substâncias são uma fonte de alimento para protozoários, fungos, algas e diversas variedades de bactérias. No tratamento secundário das águas residuais, estes mesmos organismos microscópicos (que são uma das principais razões para tratar as águas residuais) são autorizados a trabalhar o mais rapidamente possível para converter biologicamente os sólidos dissolvidos em sólidos suspensos que se depositarão fisicamente no final do tratamento secundário. As águas residuais brutas contêm normalmente milhões de organismos. A maioria destes organismos não é patogénica, mas podem também estar presentes vários organismos patogénicos. (Estes podem incluir os organismos responsáveis por doenças como a febre tifoide, o tétano, a hepatite, a disenteria, a gastroenterite e outras). Muitos dos organismos encontrados nas águas residuais são microscópicos (microorganismos); incluem algas, bactérias, protozoários (por exemplo, amebas, flagelados e vírus). Os seguintes microrganismos são importantes para os processos de tratamento biológico: bactérias, fungos, algas, protozoários e vírus. (Frank 2003).

Organismos indicadores: A identificação de organismos patogénicos fecais na água e nas águas residuais pode ser extremamente morosa, dispendiosa e difícil. O grupo de organismos coliformes é, por isso, utilizado como indicador de organismos patogénicos bacterianos (Greenberg *et al.*, 2003). As bactérias coliformes incluem os géneros *Escherichia* e *Aerobacter*. A utilização de coliformes como organismos indicadores é complicada pelo facto de *Aerobacter* e certas estirpes de *E. coli* poderem crescer no solo (Byappanahalli e Fujioka. 2004). Assim, a presença de coliformes nem sempre significa contaminação com resíduos humanos. Aparentemente, *E. coli* é inteiramente de origem fecal e, portanto, amplamente utilizada como um indicador de contaminação fecal. No entanto, existem problemas associados à utilização da *E. coli* como único organismo indicador (Oudra *et al.,* 2007), que descobriram que *o Vibrio cholerae* e *a E. coli* se comportam de forma diferente nas mesmas condições. Descobriram que, enquanto as populações de *V. cholerae* aumentavam com o pH e a temperatura, as populações de *E. coli* diminuíam e concluíram que era necessário ter muita cautela ao avaliar os riscos para a saúde das águas residuais com base apenas em indicadores de poluição fecal.(Nascimento *et al* 2006) descobriram que a cinética de remoção era diferente para diferentes organismos indicadores e recomendaram que fossem utilizados vários indicadores na cinética de remoção de agentes patogénicos. Outros autores também duvidam da fiabilidade da *E. coli* (Burkhardt *et al.*, 2005; Len *et al.*, 2005). Isto deve-se ao facto de o comportamento dos verdadeiros agentes patogénicos poder ser diferente do dos organismos indicadores. A maior parte do trabalho de investigação sobre a remoção de agentes patogénicos foi realizada utilizando *E. coli* e *Enterococcus* (ESI 2006). Fungos - são o grupo mais estruturalmente uniforme dos eucariotas. As algas são principalmente organismos aquáticos. São protistas autotróficos e fotossintéticos. As algas produzem maus sabores e odores na água de abastecimento e encurtam o filtro nas instalações de filtração. Numa lagoa de oxidação aeróbia facultativa, as algas são necessárias para fornecer oxigénio às bactérias heterotróficas aeróbias. As algas, tal como outros microorganismos, necessitam de nutrientes inorgânicos para se reproduzirem, principalmente azoto e fósforo. Para evitar o crescimento excessivo de algas nas águas naturais, a ênfase tem-se centrado na remoção de azoto e/ou fósforo nos efluentes das estações de tratamento (Nicholas P, 2009).

1-4-7 Recolha de águas residuais: Existem dois tipos básicos de sistemas de esgotos; combinados e separados, sendo os esgotos a rede de tubos que recolhe e transfere as águas residuais para a estação de tratamento de águas residuais (Gray 2010).

1-4-7-1 A rede combinada de esgotos é comum na maioria das cidades europeias e tanto a drenagem superficial das áreas pavimentadas como as águas residuais são recolhidas em conjunto para tratamento posterior. A maior parte das estações de tratamento são construídas na periferia das cidades, pelo que podem ser necessárias muitas horas (frequentemente mais de 6-12 h) para que as águas residuais de algumas partes da rede de esgotos cheguem à estação de tratamento, dependendo da distância que as águas residuais têm de percorrer. Durante o tempo húmido, há um aumento significativo do fluxo para a estação devido ao escoamento superficial; esta mistura é conhecida como águas pluviais. (Gray 2010); (EPA 2004)

1-4-7-2 Sistemas de esgotos separados: resolvem os problemas de diluição das águas residuais e de flutuações no caudal da estação de tratamento devido às condições climáticas. As águas residuais vão diretamente para a estação de tratamento, enquanto a drenagem superficial vai para o curso de água mais próximo. Isto resulta num volume menor e numa menor variação do caudal das águas residuais, o que permite a existência de estações de tratamento mais pequenas. O maior inconveniente é que a drenagem superficial atinge as águas receptoras, que muitas vezes são apenas pequenos cursos de água, muito rapidamente, antes de haver tempo para qualquer aumento significativo do volume de fluxo para diluir o escoamento superficial de entrada, resultando em poluição localizada grave. Gray 2010) (EPA 2004)

1-4-8 Tratamento de águas residuais: São utilizados métodos físicos, químicos e biológicos para remover os contaminantes das águas residuais. Para atingir diferentes níveis de remoção de contaminantes, os procedimentos individuais de tratamento de águas residuais são combinados numa variedade de sistemas, classificados como tratamento primário, secundário e terciário de águas residuais. O tratamento mais rigoroso das águas residuais inclui a remoção de contaminantes específicos, bem como a remoção e o controlo de nutrientes. Os sistemas naturais são também utilizados para o tratamento de águas residuais em aplicações terrestres. As lamas resultantes das operações de tratamento de águas residuais são tratadas por vários métodos, a fim de reduzir o seu teor de água e orgânico e torná-las adequadas para eliminação final e reutilização. (Nações Unidas 2003); (OMS 2002)

1-4-8-1 Tratamento primário, O tratamento físico é uma fase essencial da maior parte dos processos de tratamento de águas residuais, em especial os que envolvem grandes volumes de matéria sólida ou orgânica. O tratamento físico é a primeira fase do tratamento de águas residuais. Nesta fase, são removidos os grãos (por exemplo, areia, cascalho e rochas) e a matéria sedimentável de grandes dimensões (por exemplo, materiais flutuantes, resíduos sólidos). Os materiais removidos no tratamento físico são normalmente enviados para aterro. O tratamento primário consiste normalmente em:

Triagem. As águas residuais brutas são coadas, utilizando um crivo ou equipamento semelhante, para remover objectos de grandes dimensões (por exemplo, trapos, paus).

Gritura removida numa câmara onde se deixa assentar areia, gravilha e pedras. O ar pode ou não ser utilizado para a remoção dos grãos.

Clarificação primária. As águas residuais são passadas através de um grande tanque ou clarificador onde os sólidos fecais podem assentar e o material flutuante (ou seja, óleo, gordura e gorduras) pode ser removido da superfície. As fontes potenciais de emissões de substâncias do Inventário Nacional de Poluentes (NPI) que podem ser comunicadas e que resultam do tratamento primário são as emissões para o ar, os sólidos de filtragem, os sólidos de granalha, as lamas primárias e a escuma. (NPI, 2008). O objetivo do tratamento primário é a remoção de sólidos orgânicos e inorgânicos sedimentáveis por sedimentação e a remoção de materiais que flutuam (escuma) por desnatação. Cerca de 25 a 50% da carência bioquímica de oxigénio ($CBO5^{20}$), 50 a 70% dos sólidos suspensos totais (SST) e 65% dos óleos e gorduras são removidos durante o tratamento primário. (Pescod M,2006)

1-3-8-2 Tratamento secundário - Tratamento biológico: É um dos métodos de remoção mais amplamente utilizados, bem como para a estabilização parcial ou completa de substâncias biologicamente degradáveis em águas residuais e resíduos. A matéria orgânica degradável em suspensão, coloidal ou dissolvida, as quantidades e os rácios dependem da natureza das águas residuais. As caraterísticas das águas residuais são medidas em termos de Carência Química de Oxigénio (CQO), Carência Bioquímica de Oxigénio ($CBO5^{20}$) e Sólidos Suspensos Voláteis (SSV). A maioria dos processos biológicos de tratamento de resíduos e de águas residuais utiliza bactérias como microrganismos primários; alguns outros microrganismos podem desempenhar um papel importante. A degradação da matéria orgânica é afetada pela sua utilização como alimento pelos microrganismos para produzir protoplasma para novas células durante o processo de crescimento. A dinâmica da população de bactérias no tratamento biológico depende de factores ambientais que incluem: (1) pH, (2) temperatura (3) tipo e concentração do substrato, (4) concentração e disponibilidade de nutrientes essenciais; concentração de nutrientes essenciais (por exemplo, azoto, fósforo, enxofre, etc.), (5) minerais essenciais (6) pressão osmótica (7) toxicidade do meio; subprodutos; e (8) grau de mistura (Nicholas P, 2009). As águas residuais industriais com elevado teor de matéria orgânica, caracterizadas por concentrações médias de CQO superiores a cerca de 3000mg/l, podem ser tratadas através de sistemas que envolvem processos anaeróbios nas fases centrais, conduzidos em digestores tradicionais ou reactores avançados. Em comparação com os processos aeróbios, estes processos produzem menos biomassa - em igualdade de disponibilidade de substrato - devido às diferentes formas de utilização de energia pelos microrganismos e, por conseguinte, uma menor quantidade de lamas biológicas. As substâncias tóxicas podem causar mais danos do que nos processos em que é utilizada biomassa aeróbia. As bactérias anaeróbias, especialmente os grupos anaeróbios obrigatórios como as metanogénicas, são sensíveis às variações ambientais e são mais afectadas pelas substâncias tóxicas. (Boari *et al* 2007)

1-3-8-3 Tratamento terciário: O tratamento terciário (também conhecido como "tratamento avançado de águas residuais") está a tornar-se mais comum à medida que as licenças de descarga exigem cada vez mais a remoção de contaminantes específicos que normalmente não são removidos durante o tratamento secundário convencional. A remoção de nutrientes (particularmente azoto) antes da descarga requer um tratamento adicional. Os nutrientes estimulam o crescimento de algas nas águas receptoras, reduzindo o oxigénio dissolvido e matando peixes e odores. Pacific gas and Electric Company 2006. Os processos químicos utilizados no tratamento de águas residuais destinam-se a provocar alguma forma de alteração através de reacções químicas. São sempre utilizados em conjunto com operações unitárias físicas e processos biológicos. O processo químico inclui operações unitárias de precipitação química, adsorção, desinfeção e decloração. (a) Precipitação química e coagulação química de águas residuais brutas. (b) A desinfeção refere-se à destruição selectiva de microrganismos causadores de doenças. Os meios de desinfeção habitualmente utilizados incluem a luz ultravioleta (UV), os raios gama ou o feixe de electrões e vários agentes químicos. Os desinfectantes químicos mais comuns são os produtos químicos oxidantes e, destes, o cloro é o mais utilizado. Série de cursos de formação 49, 2011.

1-4-9 Estações de tratamento de águas residuais:

1-4-9-1 Lagoas de Estabilização de Resíduos (WSP): Os sistemas de lagoas de estabilização de resíduos (WSP) são um processo de tratamento de águas residuais de alto desempenho, baixo custo, baixa energia (muitas vezes energia zero) e baixa manutenção, especialmente adequado em climas quentes. Existem três tipos principais de sistemas WSP: anaeróbios, facultativos e de maturação (Albaz *et al* 2008). As lagoas de estabilização de resíduos requerem mais terra, mas são mais baratas e mais fáceis de operar e manter, e precisam de menos pessoal treinado do que outros sistemas de tratamento. A água final das lagoas de estabilização de resíduos pode ser muito boa se as lagoas forem mantidas corretamente. No entanto, sem uma manutenção adequada, a qualidade do efluente final pode ser má e representar um risco para a saúde se for utilizado para irrigação ou deposição em águas superficiais (Guy *et al* 2002). Os sistemas WSP são constituídos por uma única série de lagoas anaeróbias, facultativas e de maturação em série, ou por várias dessas séries em paralelo. Essencialmente, as lagoas anaeróbias e facultativas são concebidas para a remoção da Carência Bioquímica de Oxigénio ($CBO5^{20}$), e as lagoas de maturação para a remoção de agentes patogénicos, embora alguma remoção da $CBO5^{20}$ também ocorra nas lagoas de maturação e alguma remoção de agentes patogénicos nas lagoas anaeróbias e facultativas (OMS, 2007). Na maioria dos casos, apenas as lagoas anaeróbias e facultativas serão necessárias para a remoção da $CBO5^{30}$ quando o efluente for usado para irrigação de culturas restritas e fertilização de tanques de piscicultura, bem como quando o esgoto fraco for tratado antes de ser descarregado em águas superficiais. Os tanques de maturação só são necessários quando o efluente é usado para irrigação sem restrições, tendo assim de cumprir a diretriz da OMS de bactérias coliformes totais1000 cfu/100 ml. O WSP não necessita de mistura mecânica, necessitando apenas da luz solar para fornecer a maior parte da sua oxigenação. O seu desempenho pode ser medido em termos da remoção de $CBO5^{20}$ e de coliformes fecais. (Kayambo e Ladegaard 2006).

1-4-9-1 Lagoas anaeróbias: Lagoas profundas que recebem cargas orgânicas elevadas de tal forma que as condições anaeróbias prevalecem em toda a profundidade da lagoa. A carga orgânica e a disponibilidade de oxigénio dissolvido determinam se a atividade biológica numa lagoa de tratamento ocorrerá em condições aeróbias ou anaeróbias. Um tanque pode ser mantido em condições anaeróbias através da aplicação de uma carga de $CBO5^{20}$ que exceda a produção de oxigénio a partir da fotossíntese. A fotossíntese pode ser reduzida diminuindo a área de superfície e aumentando a profundidade. Os tanques anaeróbios tornam-se turvos devido à presença de sulfuretos metálicos reduzidos. Isto restringe a penetração da luz até ao ponto em que o crescimento de algas se torna insignificante. As lagoas anaeróbias são usadas principalmente como um processo de pré-tratamento e são particularmente adequadas para o tratamento de águas residuais de alta temperatura e alta resistência. No entanto, também têm sido utilizadas com sucesso para tratar águas residuais municipais. (Gerry B 2009), Temperatura, pH e DO para as águas residuais brutas e lagoa anaeróbica foram quase os mesmos. A concentração média de coliformes fecais da água residual bruta foi de $5x10^8$ cfu/100ml e a do efluente da lagoa anaeróbica foi de $2,8x10^7$ cfu/100ml. As caraterísticas de $CBO5^{20}$ e CQO do esgoto bruto mostraram que o esgoto estava acima da força média (Metcalf e Eddy, 2003). As águas residuais brutas tinham uma $CBO5^{20}$ média de 285 mg/L e uma CQO de 696mg/L. O azoto amoniacal era de 38mg/L. As concentrações no efluente da lagoa anaeróbia eram de 80mg/L para a $CBO5^{20}$, 182mg/L para a CQO e 18,66mg/L para a amónia. EPA 2000, Em climas temperados, as lagoas anaeróbias funcionam como tanques de decantação durante os meses de inverno e as lamas acumuladas são subsequentemente degradadas durante os meses mais quentes de verão. Isto foi demonstrado por Parker *et al.* (2004), que registaram uma remoção de 60-80% da $CBO52^0$ em lagoas anaeróbias durante o verão, com um período de retenção de 1,2 dias, que caiu para 45-65% de remoção no inverno, mesmo após 5 dias de retenção. Por conseguinte, deve ser dada especial atenção aos factores que afectam a temperatura dos tanques, tais como a temperatura ambiente e a temperatura das águas residuais e o desenvolvimento insuficiente de escuma para isolamento. Lagoas anaeróbias bem projectadas atingem em média 40% de remoção de $CBO5^{20}$, aumentando para 60% com o aumento da temperatura. O tempo de retenção hidráulica necessário é uma função da temperatura e da força das águas residuais (Miguel e Mara 2004). As lagoas anaeróbias funcionam extremamente bem em climas quentes: por exemplo, uma lagoa corretamente concebida atingirá cerca de 60% de remoção de

$CBO5^{20}$ e mais de 70% a 25°C ou mais. A remoção de matéria orgânica nos tanques anaeróbios é regida pelos mesmos mecanismos que ocorrem em todos os outros reactores anaeróbios (Mara D e Nigel H 2003); um tempo de retenção de um dia é suficiente para águas residuais com uma $CBO5^{20}$ inferior a 300 mg/l a temperaturas superiores a 20°C (Miguel e Mara 2004). Sukias *et al.* (2001) descobriram que os tanques facultativos na Nova Zelândia removiam tipicamente apenas 40% a 50% da CBO remanescente no efluente após o tratamento num tanque anaeróbio. Quando dimensionadas corretamente, as lagoas anaeróbias removem habitualmente 70% da carga de CBO (Metcalf & Eddy Inc. 2003). Foram registadas eficiências de remoção de 80% a 90% em lagoas anaeróbias concebidas de acordo com as diretrizes da indústria de lacticínios da Nova Zelândia.

1-4-9-2 Lagoas facultativas: Lagoas facultativas, com 1 a 2,5 m de profundidade, que têm uma zona inferior anaeróbia, uma zona média facultativa e uma zona superior aeróbia mantida por fotossíntese e reaeração da superfície. Estas lagoas são, de longe, o tipo mais comum selecionado como sistema de tratamento de águas residuais para pequenas comunidades. Cerca de 90 por cento destas lagoas estão localizadas em comunidades com 5000 pessoas ou menos. As lagoas facultativas são muito populares porque os seus longos tempos de retenção facilitam a gestão de grandes flutuações no caudal e na força das águas residuais sem qualquer efeito significativo na qualidade do efluente. Os custos de funcionamento e manutenção são inferiores aos de outros sistemas biológicos que proporcionam um tratamento equivalente. Se o terreno não for caro, o custo de capital é menor. A remoção da $CBO5^{20}$ nas lagoas facultativas primárias é de cerca de 70% numa base não filtrada e de mais de 90% numa base filtrada (a filtragem da amostra antes da análise da CBO^{20} exclui a $CBO5^{20}$ devida às algas presentes na amostra; esta "$CBO5^{20}$ de algas" é de natureza muito diferente da $CBO5^{20}$ das águas residuais normais ou da "$CBO5^{20}$ não algal".Algumas entidades reguladoras especificam os requisitos de $CBO5^{30}$ dos efluentes dos WSP em termos de CBO5 filtrada, por exemplo, na União Europeia, os efluentes dos WSP devem atingir menos de 25 mg/L de CBO5 filtrada[20] (Gray 2004). 1-4-9-3 Lagoas de maturação ou terciárias: As lagoas de maturação são utilizadas para polir os efluentes de outros processos biológicos. O oxigénio dissolvido é fornecido através da fotossíntese e da reaeração da superfície. Este tipo de lagoa também é conhecido como lagoa de polimento, estas lagoas recebem efluentes de águas residuais de sistemas de tratamento secundário. As lagoas de maturação apenas conseguem uma pequena remoção adicional de $CBO5^{20}$ a 30mg/L e não são processos de tratamento secundário (Miguel e Mara 2004).

1-4-9-4 Remoção de agentes patogénicos por lagoas de oxidação: A remoção ou inativação de agentes patogénicos em tanques de oxidação é controlada por uma variedade de factores, entre os quais a temperatura, a luz solar, o pH, a ação lírica dos bacteriófagos, a predação por microrganismos e a fixação a sólidos sedimentáveis. Existem várias razões possíveis para a remoção eficiente de bactérias: Longos tempos de detenção utilizados nas lagoas de oxidação. O pH elevado é gerado devido à fotossíntese. O declínio de coliformes fecais é maior em lagoas de estabilização de resíduos onde o pH excede 9 (Gabriel B 2005). As lagoas de maturação apenas conseguem uma pequena remoção adicional de $CBO5^{20}$ mas contribuem significativamente para a remoção de azoto e fósforo. A remoção total de azoto num sistema WSP completo é frequentemente superior a 80 por cento e a remoção de amoníaco é geralmente superior a 90 por cento (estes valores dependem do número de tanques de maturação incluídos no sistema WSP. A remoção de fósforo em WSPs é menor, geralmente cerca de 50 % (Miguel e Mara 2004).

1-4-9-5Estabilização de águas residuais a baixo custo: Os tanques fornecem efluentes de alta qualidade Em contraste com os sistemas de tratamento convencionais, estudos mostraram que tanques de estabilização multicelulares bem projetados, permitindo 20-30 dias de retenção, podem remover quase 100% dos ovos de helmintos (Feachem *et al.*, 2007); Mara e Silva, 2006; farid, M *et al.*, 2008). Bactérias, vírus e protozoários estão frequentemente ligados a partículas fecais maiores que se depositam nos sistemas de tanques. Na melhor das hipóteses, contudo, apenas 90% podem ser removidos por sedimentação. O processo mais eficaz para remover as bactérias e os vírus nos tanques de estabilização é a morte natural, que aumenta com o tempo, o pH e a temperatura. Muitos países em desenvolvimento têm climas quentes nos quais os tanques de estabilização estão expostos aos raios diretos do sol e podem atingir temperaturas de até 40C. O pH ao meio-dia é geralmente de 9 ou mais devido à atividade fotossintética das algas. Os microrganismos predadores ou concorrentes podem também afetar a morte, atacando ou danificando os agentes patogénicos direta ou indiretamente. A exposição aos raios ultravioleta do sol pode também desempenhar um papel na morte dos agentes patogénicos nos tanques. No entanto, os tempos de retenção longos parecem ser o fator mais importante na redução das concentrações de bactérias nos sistemas de tanques. Em climas quentes com temperaturas superiores a 20 C, um sistema de tanque, com um tempo de retenção de 20 a 30 dias, geralmente reduz a concentração total de coliformes em 99,99%. Assim, se a concentração inicial de bactérias coliformes fecais no efluente bruto é de aproximadamente 10^7 cfu/100 ml, o efluente conterá 10^3 ou 1000cfu/100 ml. O mesmo sistema de lagoas reduzirá os vírus entéricos em 2-4 ordens de grandeza (isto é, de uma concentração inicial de cerca de 1000cfu/100 ml para 10 ou menos/100 ml). Os ovos de Helminthes serão removidos quase completamente, enquanto o $BOD5^{20}$ será reduzido em cerca de 80%. Os nossos estudos de cooperação com colegas egípcios na cidade de Suez sobre o tratamento de águas residuais para irrigação e aquacultura em lagoas de estabilização de resíduos demonstraram que, com lagoas multicelulares bem concebidas e bem operadas, com 30 dias de detenção, um efluente de 10-100 coliformes fecais/100 ml foi consistentemente alcançado (Mancy, 2006). Nos nossos estudos num sistema piloto de lagoas de estabilização de resíduos, tratando efluentes primários da estação de tratamento municipal de Jerusalém, foi alcançado um efluente de 1000 coliformes fecais/100 ml com 25-30 dias de detenção (Fattal *et al.*, 2007). As lagoas de estabilização de resíduos são, portanto, altamente adequadas para o tratamento de águas residuais para irrigação. São mais eficientes na remoção de agentes patogénicos, particularmente helmintas, do que os sistemas convencionais de tratamento de águas residuais. Além disso, produzem um efluente biologicamente estável, inodoro e sem incómodos, sem remover demasiados nutrientes. Assim, os tanques devem ser o sistema de eleição para a irrigação com águas residuais em climas quentes, especialmente se houver terra disponível a um preço razoável. Os lagos são particularmente atractivos para os países em desenvolvimento porque custam pouco a construir e a manter e são robustos e à prova de falhas. Nunca devem ser considerados como um substituto barato. Na realidade, são superiores aos métodos convencionais de tratamento em quase todos os aspectos. Embora os tanques exijam áreas de terreno relativamente grandes, os custos do terreno não são, em muitos casos, um obstáculo sério. (Kayambo e Ladegaard 2006)

1-4-9-6 Manutenção dos lagos: A manutenção dos tanques deve ser efectuada regularmente para evitar odores, moscas e mosquitos. A manutenção de rotina inclui: a remoção de telas e de areia das obras de entrada e de saída, o corte de ervas no aterro e a sua remoção para que não caiam nos tanques, a remoção de escória flutuante e de macrófitas flutuantes da superfície dos tanques de maturação e facultativos, a pulverização de escória na superfície dos tanques anaeróbicos e a sua não remoção. Uma vez que isto ajudará os processos de tratamento, removendo quaisquer sólidos acumulados nas obras de entrada e saída e, reparando qualquer aterro danificado logo que possível; e, Reparando qualquer dano nas vedações ou portões (Kayambo e Ladegaard 2006).

1-4-9-7 Lagoas de estabilização no Sudão: Existem apenas 2 estações de estabilização de águas residuais no Sudão, Soba e El-Haj Yousif, com uma capacidade total de 45 920 metros cúbicos por dia, ambas no Estado de Cartum. Estas duas estações foram descritas como estando em mau funcionamento. Outras estações de tratamento de águas residuais, incluindo algumas de lamas activadas (e suas modificações), são utilizadas por várias indústrias com vários graus de sucesso operacional. Algumas indústrias também utilizaram leitos de evaporação para tratar as águas residuais geradas. Colocada em funcionamento em 1981, a estação de tratamento de águas residuais de Soba substituiu a estação mais antiga do país, El Gozae, construída em

1959, utilizando a técnica de filtro de gotejamento. A estação de tratamento de águas residuais de El Gozae estava a funcionar mal, pelo que foi retirada e substituída pela estação de tratamento de águas residuais de Soba. Esta última tem uma capacidade de 31 420 metros cúbicos por dia e foi restaurada em 1991. É composta por dois trens paralelos, cada um com duas lagoas anaeróbias, uma facultativa e uma de maturação. Os efluentes destinavam-se a ser reutilizados na irrigação da cintura verde a sul de Cartum. No entanto, a cintura já não existe, o que significa que a eliminação dos efluentes é um problema que precisa de ser resolvido. O projeto El-Haj Yousif foi iniciado em 1969 e deveria ser executado em duas fases. O financiamento foi assegurado por uma subvenção externa. Consistia numa rede de esgotos e numa estação de tratamento de águas residuais. A primeira fase incluía uma rede de esgotos para as águas residuais industriais do norte de Cartum e foi concluída em 1971, altura em que a estação de tratamento de águas residuais também entrou em funcionamento. A segunda fase, destinada à zona residencial, nunca foi concluída. A atual estação de tratamento de águas residuais recebe, por conseguinte, águas residuais industriais e tem sido assinalada como estando em mau funcionamento. A estação tem uma capacidade de 5 292 500 metros cúbicos por dia e é composta por crivos, uma câmara de arejamento, um tanque de sedimentação e um sistema de lagoas de estabilização. As lamas produzidas no tanque de sedimentação deveriam ser tratadas num digestor anaeróbio e em leitos de secagem. Foi também previsto, pelos projectistas, que a qualidade do efluente iria cumprir (WHO.2005).

Sistema de reator descontínuo sequencial (SBR):

O tratamento de águas residuais por reator sequencial em descontínuo (SBR) foi construído ou instalado antes, as lagoas de estabilização de El-Haj Yousif foram construídas entre 2012 e 2015 e são compostas por crivos, uma câmara de arejamento, um tanque de sedimentação e um sistema de **reator sequencial em banho (SBR):**

Os SBR são utilizados em todo o mundo e existem desde a década de 1920. Com a sua crescente popularidade na Europa e na China, bem como nos Estados Unidos, estão a ser utilizados com sucesso para tratar águas residuais municipais e industriais, particularmente em áreas caracterizadas por padrões de fluxo baixos ou variáveis. Municípios, estâncias turísticas, casinos e uma série de indústrias, incluindo a dos lacticínios, pasta e papel, curtumes e têxteis, estão a utilizar os SBR como alternativas práticas de tratamento de águas residuais. Com a utilização da equalização do caudal de entrada e de ecrãs mecânicos ou de barras, o fluxo de águas residuais que entra no SBR está livre de gorduras, espuma, trapos, paus, materiais flutuantes e outros detritos, o que facilita o seu tratamento.

Cinco instalações da SBR incluem:

- Uma instalação recentemente concebida - Uma instalação a plena capacidade Uma instalação com um caudal variável de águas residuais· Uma instalação SBR de maiores dimensões com um caudal constante

- Uma instalação que recebe caudais que variam sazonalmente

Processo de tratamento básico

O funcionamento de um SBR baseia-se no princípio de encher e extrair, que consiste em cinco etapas - encher, reagir, assentar, decantar e inativo. Estas etapas podem ser alteradas para diferentes aplicações operacionais

Enchimento: Durante a fase de enchimento, a bacia recebe as águas residuais afluentes

Reação: Esta fase permite uma maior redução ou "polimento" do parâmetro das águas residuais

Assentamento: Durante esta fase, permite-se que as lamas activadas assentem em condições de repouso - nenhum fluxo entra na bacia e não há arejamento nem mistura.

Decantação: Durante esta fase, é utilizado um decantador para remover o efluente sobrenadante claro

Inativo: Este passo ocorre entre as fases de decantação e de enchimento. O tempo varia, com base no caudal de entrada e na estratégia de funcionamento. Durante esta fase, uma pequena quantidade de lamas activadas no fundo da bacia do SBR é bombeada para fora - um processo chamado desperdício., Ronald, f (2004).

Vantagem da SBR:

Equalização clarificação primária (na maioria dos casos) tratamento biológico. Construção de poço comum para tanques rectangulares. Fácil expansão em modelos. Flexibilidade de funcionamento e controlo. Eliminação da bombagem de lamas de retorno. Potencial de redução de custos de capital pela eliminação de clarificadores e outros equipamentos. Reação controlável e perfeita sedimentação do equipamento

Desvantagem da SBR

É necessário um nível de sofisticação mais elevado. Maior nível de manutenção. Potencial de descarga de lamas flutuantes ou sedimentadas durante a fase de extração ou decantação. Potencial entupimento dos dispositivos de arejamento durante ciclos de funcionamento selecionados. Potencial necessidade de equalização após o SBR, dependendo dos processos a jusante.

Alimentação por lotes a partir do armazenamento ou alimentação por bio-selectores necessária para controlar o volume, Mahvi, A (2008)

1-4-10 Lamas activadas: O processo de lamas activadas é um processo amplamente utilizado para a remoção de substâncias orgânicas e inorgânicas de águas residuais industriais e municipais. Um problema com este processo é a presença de substâncias inibidoras ou tóxicas nas águas residuais. (Nicholas 2009) O processo de lamas activadas é amplamente utilizado para o tratamento de águas residuais e de resíduos industriais. Ao tratar um esgoto de caraterísticas normais, a redução global de $CBO5^{20}$ e de sólidos suspensos que se pode esperar da combinação convencional de tratamento primário e secundário será de 85-95%. Em muitos casos, portanto, o efluente resultante terá um teor de sólidos suspensos de cerca de 20mg/L e uma $CBO5^{20}$ correspondentemente baixa, e será adequado para descarga em muitos rios sem causar poluição óbvia (OMS 2006).O processamento de lamas de águas residuais, a conceção e as caraterísticas operacionais de alguns processos de lamas activadas, a remoção de $CBO5^{20}$ variou entre 85% e 95% no efluente final (Gabriel Bitton, 2005) e Izrail S, e MathaiP,2006 mencionam que as caraterísticas de $CBO5^{20}$ e SST do afluente eram de 200mg/L e 250mg/L, respetivamente.

1-4-10-1 Lodo primário: A maioria das estações de tratamento de águas residuais utiliza o processo físico de decantação primária para remover os sólidos sedimentáveis das águas residuais brutas. Numa instalação típica com decantação primária e um processo convencional de tratamento secundário por lamas activadas, o peso seco dos sólidos das lamas primárias é cerca de 50% do peso dos sólidos totais das lamas. A concentração de sólidos totais na lama primária bruta pode variar entre 2 e 7%. Em comparação com as lamas biológicas e químicas, as lamas primárias podem ser desidratadas rapidamente, uma vez que são constituídas por partículas discretas e detritos, produzindo um bolo mais seco e proporcionando uma melhor captura de sólidos com baixos requisitos de acondicionamento. No entanto, as lamas primárias são altamente putrescíveis e geram um odor desagradável se forem armazenadas sem tratamento. As caraterísticas do efluente de esgoto, $CBO5^{20}$ 200mgL e TSS 250mg/L, no entanto, a remoção de $CBO5^{20}$ TSS no clarificador primário foi de 30% e 60% respetivamente (Izrail e Mathai 2006). (Michael.2002) , no relatório preparado por (Pacific Gas and Electric Company 2006) menciona que, um tratamento primário bem concebido e bem operado deve remover 50 a 70% dos sólidos suspensos e 25 a 40% da $CBO5^{209.}$

1-4-10-2 Tratamento secundário: As lamas secundárias, também conhecidas como lamas biológicas, são produzidas por processos de tratamento biológico, como as lamas activadas, os biorreactores de membrana, os filtros de decantação e os contactores biológicos rotativos. As instalações com decantação primária produzem normalmente uma lama biológica pura, devido ao facto de as bactérias consumirem substâncias orgânicas solúveis e insolúveis no sistema de tratamento secundário. As lamas conterão também os sólidos que não foram facilmente removidos pela clarificação primária. As lamas secundárias geradas em instalações que não dispõem de decantação primária podem conter detritos, tais como gravilha e fibras. As lamas activadas contêm geralmente concentrações de sólidos de 1,5% a 4%, em peso de sólidos secos. As lamas biológicas são mais difíceis de desidratar do que as lamas primárias devido aos flocos biológicos leves inerentes às lamas biológicas (Izrail e Mathai 2006); (Michael 2002). O tratamento secundário remove normalmente 70% a 85% da $CBO5^{20}$ que entra com o efluente primário. As condições aeróbias são produzidas por injeção de ar disperso ou por injeção de oxigénio puro (Pacific Gas and Electric Company 2006).

1-4-10-3 Lamas químicas: Os produtos químicos são amplamente utilizados no tratamento de águas residuais, especialmente no tratamento de águas residuais industriais, para precipitar e remover substâncias difíceis de remover e, em alguns casos, para melhorar a remoção de sólidos suspensos. Em todos estes casos, formam-se lamas químicas. Uma utilização típica na remoção de uma substância das águas residuais é a precipitação química do fósforo. Os produtos químicos utilizados para a remoção de fósforo incluem cal, alúmen e "licores de picles", tais como cloreto ferroso, cloreto férrico, sulfato ferroso e sulfato férrico. Algumas estações de tratamento adicionam os produtos químicos ao processo biológico; assim, os precipitados químicos são misturados com as lamas biológicas. A maioria das estações aplica produtos químicos ao efluente secundário e utiliza clarificadores terciários ou filtros terciários para remover os precipitados químicos. Alguns produtos químicos podem criar efeitos secundários indesejáveis, como a redução do pH e da alcalinidade das águas residuais, o que pode exigir a adição de produtos químicos alcalinos para ajustar estes parâmetros. Uma estação de lamas activadas convencional, bem concebida e bem operada, com sólidos suspensos totais no efluente de 10mg/L e $CBO5^{20}$ 10mg/L (Izrail e Mathai 2006); (Michael 2002).

1-4-10-4 Factores ambientais: Os factores ambientais importantes que afectam as taxas das três fases das reacções anaeróbias são: (1) Tempo de retenção de sólidos (SRT), (2) Tempo de retenção hidráulica (HRT), (3) Temperatura, (4) pH, (5) Alcalinidade e presença de materiais tóxicos. (Izrail e Mathai 2006); (Michael

2002), para além de (6) Os critérios de carga, (7) A produção de lamas, (8) A difusão do ar, (9) O controlo dos organismos filamentosos e (10) O controlo da reciclagem das lamas. Para os critérios de carga, os dois parâmetros mais utilizados são a relação alimento/microrganismo (F/M) e o tempo médio de residência das células, por vezes designado por tempo de retenção de sólidos (SRT) (Michael Lever 2010).

1-4-10-5 Principais componentes de todos os sistemas de lamas activadas: O reator pode ser um tanque, uma lagoa ou uma vala. O principal critério de um reator é que o conteúdo possa ser adequadamente misturado e arejado. O reator é também conhecido como tanque ou bacia de arejamento. Lamas activadas: trata-se da biomassa microbiana no interior do reator, que é composta principalmente por bactérias e outra microfauna e flora. As lamas são uma suspensão floculante destes organismos e são frequentemente designadas por licor misto. A concentração normal do licor misto expresso em sólidos suspensos (MLSS) situa-se entre 2000-5000 mg/L. Sistema de arejamento/mistura O arejamento e a mistura das lamas activadas e das águas residuais recebidas são essenciais. Embora estas tarefas possam ser efectuadas de forma independente, são normalmente realizadas utilizando um único sistema; é utilizado o arejamento de superfície ou o ar difuso. Tanque de sedimentação É necessária a sedimentação final (ou clarificação) das lamas activadas deslocadas do tanque de arejamento pelas águas residuais de entrada. Este processo separa a biomassa microbiana do efluente tratado. Lamas de retorno, as lamas activadas sedimentadas no tanque de sedimentação são recicladas de volta para o reator para manter a população microbiana numa concentração necessária de modo a assegurar a continuação do tratamento (Gray 2004); (Frank 2004).

1-4-10-6 Requisitos de oxigénio para uma instalação de lamas activadas nitrificantes: A taxa de utilização de oxigénio (oxigénio consumido pelos microrganismos) é uma função das caraterísticas da água residual e do reator. O tratamento de águas residuais municipais normais por arejamento prolongado resulta normalmente numa taxa de utilização de oxigénio de aproximadamente 10 mg/l, horas. O tratamento das mesmas águas residuais por um processo convencional de lamas activadas resulta numa taxa de utilização de oxigénio de cerca de 30 mg/l horas e até 100 mg/l horas. A adição de oxigénio deve ser suficiente para corresponder à taxa de utilização de oxigénio e manter sempre um pequeno excesso nas águas residuais para garantir o metabolismo aeróbio. As técnicas de arejamento consistem na utilização de difusores de ar para injetar ar comprimido no reator biológico e/ou na utilização de misturadores mecânicos para agitar o conteúdo de forma suficientemente violenta para arrastar e distribuir o ar através do líquido. É prática comum usar ar difundido em sistemas de fluxo de encaixe e aeradores mecânicos em sistemas completamente misturados (Halling e Jorgensen 2005).

1-4-10-7 Controlo dos organismos filamentosos: O crescimento de microrganismos filamentosos é o problema operacional mais comum no processo de lamas activadas. Os organismos filamentosos no sistema resultam em lamas mal sedimentadas, normalmente designadas por "lamas volumosas". No sistema de lamas activadas de fase única, é normal o crescimento de organismos filamentosos devido aos baixos níveis de substrato uniformemente presentes no reator. Nalguns reactores de fluxo de encaixe, em que ocorre uma retro-mistura significativa, ocorre um fenómeno semelhante. Quando o oxigénio limita o crescimento dos microrganismos, podem predominar os organismos filamentosos. Investigações recentes demonstraram que a prevenção e o controlo do crescimento de organismos filamentosos podem ser obtidos através da utilização de um compartimento separado ou "seletor" como zona de contacto inicial, entre os microrganismos e as águas residuais, num reator biológico de lamas activadas (Halling e Jorgensen 2005).

1-4-10-8 Controlo do retorno de lamas activadas: O objetivo do retorno de lamas activadas é manter uma concentração suficiente de lamas activadas no tanque de arejamento para que o grau de tratamento requerido possa ser obtido no intervalo de tempo desejado. O retorno das lamas activadas do clarificador final para a entrada do tanque de arejamento é a caraterística essencial do processo (Halling e Jorgensen 2005).

1-4-10-9 Remoção de agentes patogénicos e parasitas por lamas activadas:

Bactérias: As lamas activadas são geralmente mais eficientes do que os filtros de gotejamento na remoção de bactérias indicadoras (por exemplo, coliformes) e patogénicas (por exemplo, Salmonella). A eficiência de remoção pode variar entre 80% e mais de 99%. As bactérias são removidas através de inativação, pastagem por protozoários ciliados (a pastagem é particularmente eficaz para bactérias que nadam livremente) e adsorção a sólidos de lamas ou encapsulamento em flocos de lamas, ou ambos, seguidos de sedimentação (Gabriel 2005)

1-4-11 Eliminação de efluentes: Os efluentes de águas residuais tratadas, se não forem reutilizados, são eliminados em terra ou em massas de água. A descarga nas massas de água é a prática mais comum de eliminação. Esta prática tira partido da capacidade de auto-purificação das águas naturais para tratar os efluentes. No entanto, a descarga de efluentes de águas residuais deve basear-se em boas práticas de engenharia para que o ambiente recetor não seja afetado negativamente. Quantidades excessivas de matéria orgânica podem provocar um rápido crescimento bacteriano e a depleção dos recursos de oxigénio dissolvido da massa de água. Além disso, as alterações do pH ou as concentrações de alguns compostos orgânicos e inorgânicos podem ser tóxicas para determinadas formas de vida. Por conseguinte, as estruturas de descarga devem ser concebidas de modo a permitir uma dispersão adequada do efluente nas águas receptoras, a fim de evitar a poluição localizada. Dependendo das caraterísticas das águas receptoras, muitos factores são considerados para uma mistura e dispersão adequadas do efluente. Estes factores incluem a velocidade do fluxo, a estratificação em profundidade devido à salinidade e à temperatura, a forma, a inversão da corrente e a circulação do vento. A temperatura e a salinidade do efluente também devem ser tidas em consideração. A área de descarga deve estar a jusante de qualquer local onde a água será retirada para consumo humano. Esta secção aborda as principais considerações que devem ser tidas em conta quando os efluentes de águas residuais tratadas são descarregados em massas de água, incluindo rios e ribeiros, lagos, mares e oceanos (Mara e Nigel 2003).

1-4-11-3 Normas de descarga de efluentes: O resultado foi uma norma geral baseada num balanço de massas que pressupunha uma diluição de 2 mg/L de CBO por oito vezes com a água do rio, para que o rio não se deteriorasse com consequências graves, e que a água após o ponto de descarga não absorvesse mais de 4 mg/L de CBO. Nesta base, um balanço de massa mostra que o efluente das águas residuais não deve absorver mais de 20 mg/L de CBO. Superficialmente, isto parece ter sido um abrandamento da norma de 15 mg/L estabelecida provisoriamente no quinto relatório. No entanto, a norma de 20 mg/l de CBO deveria ser aplicada a uma amostra não filtrada, em vez da amostra filtrada proposta no quinto relatório. A Comissão manteve o valor de 30 mg/l para os sólidos suspensos, recomendado no quinto relatório, e assim nasceu a famosa (ou mesmo infame) norma da Royal Commission, ainda hoje adoptada como norma de base em grande parte do mundo. Assim, no ano de 1915, a Royal Commission on Sewage disposal estabeleceu as primeiras normas para as descargas de efluentes e introduziu um sistema elementar de classificação dos rios. Num relatório separado, estabeleceu também as bases para o controlo e a eliminação das águas residuais industriais. Nos 80 anos que se seguiram, houve muitos desenvolvimentos nos procedimentos para estabelecer normas para os efluentes e determinar objectivos de qualidade ambiental. No Reino Unido, houve uma série de abordagens, muitas vezes fragmentadas, para o desenvolvimento de classificações dos rios baseadas em modelos matemáticos e na utilização de objectivos de qualidade da água dos rios. Os sistemas de classificação da qualidade dos rios desenvolveram-se ao longo de vários anos e foram alterados sempre que se considerou necessário. Por exemplo, em resultado de um inquérito sobre a qualidade dos rios em 2005, considerou-se que a classificação então utilizada devia ser substituída por uma mais objetiva, que tivesse em conta as potenciais utilizações da água do rio, e durante uma revisão subsequente das condições de autorização em 1978, houve movimentos no sentido de associar as normas de efluentes ao conceito de objectivos de qualidade da água (Mara e Nigel 2003).

1-4-12 Impacto ambiental das estações de tratamento de águas residuais nas massas de água: Os factores que influenciam o impacto dos efluentes numa determinada massa de água incluem

- Qualidade da massa de água antes da mistura dos efluentes
- Qualidade e quantidade do efluente
- Diluição na zona de mistura
- Hidrodinâmica da massa de água
- Interações entre o efluente e o meio recetor
- Sensibilidade do meio recetor (Australia for the Agriculture and Resource Management 2007)

1-4-12-1-Impacto da descarga de efluentes em rios e riachos:

A descarga de efluentes de águas residuais nos rios deve ser efectuada de forma a assegurar uma rápida mistura vertical dos efluentes a toda a profundidade do rio e evitar problemas de formação de espuma. Este objetivo pode ser alcançado através da utilização de um difusor multiportas que se estende a toda a largura do rio. Um difusor é uma estrutura que descarrega o efluente através de uma série de orifícios ou portas ao longo de um tubo que se estende até ao rio, Nações Unidas (UN2003): Embora tenha havido uma grande melhoria no tratamento de esgotos nos últimos 10-15 anos devido ao investimento em novas instalações e equipamentos, ainda existem algumas estações de tratamento de esgotos onde as águas residuais não são tratadas adequadamente, isto pode dever-se ao facto de serem antigas e o equipamento ser ineficiente, ou podem estar sobrecarregadas, ou seja, estão a receber mais esgotos do que foram concebidas para depurar. Nestas situações, o efluente que entra na água recetora ainda contém muitas das substâncias que estavam presentes nas águas residuais que entraram. Algumas foram apenas parcialmente decompostas pelas bactérias, pelo que o efluente contém elevadas concentrações de matéria orgânica. Os efeitos de um efluente de má qualidade num curso de água recetor podem ser muito acentuados e podem ser necessários muitos quilómetros para que o rio recupere da poluição. Isto deve-se ao facto de o rio a jusante atuar como uma extensão da estação de tratamento de águas residuais, na medida em que as bactérias e protozoários que ocorrem naturalmente oxidam a matéria orgânica presente nos efluentes e, ao fazê-lo, utilizam o oxigénio dissolvido na água do rio. No entanto, a quantidade de oxigénio dissolvido na água é limitada, por exemplo, a 10°C, a água contém apenas 11,3 mg/l de oxigénio dissolvido, enquanto o ar contém quase 300 mg/l. O oxigénio dissolvido pode, portanto, ser rapidamente consumido e leva tempo para que o oxigénio fresco se dissolva na água a partir do ar, especialmente se a água for de fluxo lento. Se o oxigénio dissolvido se esgotar, as substâncias formadas em condições anaeróbicas estão presentes na água e muitas delas são venenosas para os organismos do rio. No entanto, à medida que o rio corre sobre rochas e quedas de água, os níveis de oxigénio são restaurados e a matéria orgânica é degradada ao ponto de a vida aquática voltar ao normal. Este processo é designado por auto-purificação. Um efluente de má qualidade contém geralmente elevadas concentrações de amoníaco e de matéria orgânica. À medida que flui para jusante, este amoníaco é oxidado por bactérias em nitrato. Este processo é designado por nitrificação e utiliza oxigénio dissolvido para o processo de oxidação (Gerry 2009).

1-4-12-2 Impacto das águas residuais nas águas subterrâneas: A aplicação de águas residuais tem o potencial de afetar a qualidade dos recursos hídricos subterrâneos a longo prazo, devido ao excesso de nutrientes e sais presentes nas águas residuais que são lixiviados abaixo da zona das raízes das plantas. No entanto, o impacto real depende de uma série de factores, incluindo: (1) Profundidade do lençol freático, (2) Qualidade das águas subterrâneas, (3) Drenagem do solo, (4) e escala da irrigação com águas residuais. Por exemplo, a qualidade das águas subterrâneas determinará a magnitude do impacto da lixiviação de nitratos. Se as águas subterrâneas apresentarem um nível elevado de salinidade ou de TDS no solo e nas águas subterrâneas, a lixiviação de nitratos será pouco preocupante, uma vez que a água não tem qualquer valor de uso associado. A proximidade da irrigação com águas residuais a fontes de abastecimento de água potável, tais como poços ou poços tubulares, influenciará a forma como avaliamos a gravidade dos efeitos da poluição das águas subterrâneas. As águas subterrâneas constituem a principal fonte de água potável para muitas comunidades de países em desenvolvimento. Assim, o potencial de contaminação das águas subterrâneas deve ser avaliado antes de se iniciar um grande programa de irrigação com águas residuais. As águas residuais não tratadas ou com tratamento primário têm sido utilizadas para irrigação desde 1915; a utilização a longo prazo de águas residuais para irrigação de culturas levou, curiosamente, a uma melhoria da salinidade das águas subterrâneas. Isto foi compensado pela evidência de contaminação das águas subterrâneas por coliformes, o que também foi observado no México (Downs et al. 2006). (Gallegos et al. 2007). Um estudo complementar (Rashed et al. 2005) revela que na região de Gabael Asfar, irrigada com águas residuais, as concentrações de cloreto, sulfato, TDS e oxigénio dissolvido nas águas subterrâneas são muito superiores às concentrações médias nos efluentes de esgotos. A lixiviação e a drenagem de águas residuais, aplicadas na irrigação de culturas, para o aquífero de águas subterrâneas pode servir como fonte de recarga de águas subterrâneas. Em algumas regiões, 50-70% da água de irrigação pode percolar para o aquífero subterrâneo (Rashed et al. 2005). A influência da água residual percolada na qualidade da água subterrânea e na sua recarga é, portanto, suscetível de ser substancial. Apesar da má qualidade, a recarga da água subterrânea através da aplicação de águas residuais pode ser um serviço ambiental e económico vital em regiões onde as reservas de água doce são limitadas e as taxas de remoção de água subterrânea excedem as taxas de reposição. Neste contexto, pode ser vista como um benefício em algumas circunstâncias. Assim, existe um compromisso óbvio entre os benefícios da recarga das águas subterrâneas e os custos da poluição das águas subterrâneas (Intizar etal 2004). Quase 70% da água na Índia está poluída devido à descarga de esgotos domésticos e efluentes industriais em fontes naturais de água, tais como rios, ribeiros e lagos (Sangu e Sharma, 2007). Cerca de 95% da população rural da Índia depende das águas subterrâneas para uso doméstico (Moharir et al., 2002). As caraterísticas da qualidade da água são indicadas pelo conhecimento dos parâmetros físicos como TS, TDS, TSS e parâmetros químicos como alcalinidade total, CO2 livre, DO, dureza total, Ca, Mg, clorinidade, salinidade, pH e parâmetros bacterianos como TCF e E.coli. De acordo com as estimativas da OMS, cerca de 80%

da poluição da água nos países em desenvolvimento, como a Índia, é causada por resíduos domésticos. A gestão incorrecta dos sistemas de água pode causar problemas graves na disponibilidade e qualidade da água (Subba Rao, 2005). No nosso país, 70% da água está seriamente poluída e 75% das doenças e 80% da mortalidade infantil são atribuídas à poluição da água (Zoeteman, 2008). O carácter saudável das águas subterrâneas também se alterou (Dasgupta e Purohit, 2005). Os poluentes industriais associados à matéria orgânica, aos sólidos inorgânicos dissolvidos e a outros produtos químicos indesejáveis causam graves problemas nas águas subterrâneas (Tyagi et al., 2004). Durante a última década, relatos generalizados de contaminação das águas subterrâneas aumentaram a preocupação do público com a qualidade da água potável (Yaziz e Lioyd 2006). A água de esgoto acumula-se sob a forma de água estagnada e, se houver alguma canalização de água potável perto dessa área, há uma hipótese de intrusão de água de esgoto nas canalizações de água potável (Radha *etal* 2007).

1-4-12-3 Impactos das águas residuais no solo: O impacto das águas residuais no solo agrícola deve-se principalmente à presença de elevados teores de nutrientes (azoto e fósforo), elevados sólidos totais dissolvidos e outros constituintes, como metais pesados, que são adicionados ao solo ao longo do tempo. As águas residuais podem também conter sais que se podem acumular na zona radicular, com possíveis impactos nocivos na saúde do solo e no rendimento das culturas. A lixiviação destes sais abaixo da zona das raízes pode causar poluição do solo e das águas subterrâneas (Bond 2007). A utilização prolongada de águas residuais salinas e ricas em sódio constitui um perigo potencial para o solo, uma vez que pode provocar a erosão da estrutura do solo e afetar a produtividade. (Kijne *et al.* 2008). O efeito líquido no crescimento pode ser uma redução no rendimento das culturas e uma potencial perda de rendimento para os agricultores. A irrigação com águas residuais pode levar ao transporte de metais pesados para os solos e pode causar a contaminação das culturas, afectando a flora e a fauna do solo. Alguns desses metais pesados podem ser bioacumulados no solo, enquanto a fauna do solo, como as minhocas, pode redistribuir outros, por exemplo, Cd e Cu. (Kruse e Barrett 2005). Estudos realizados no México (Assadin *et al.* 2008), onde as águas residuais misturadas com a água do rio têm sido utilizadas para a irrigação de culturas durante décadas, indicam que a irrigação com água poluída pode ser responsável por até 31% da acumulação de metais na superfície do solo e levar à absorção de metais pesados pela alfafa. O impacto da irrigação com águas residuais no solo pode depender de uma série de factores, como as propriedades do solo, as caraterísticas das plantas e as fontes de águas residuais. (A gama de concentrações de contaminantes e as formas físicas e químicas dos contaminantes também dependerão das actividades e dos padrões de eliminação dos resíduos contaminados no local. Outros factores que podem influenciar a forma, concentração e distribuição de contaminantes metálicos incluem a química do solo e das águas subterrâneas e os mecanismos de transporte local. (O tratamento de águas residuais resulta na concentração de metais, como o cobre, o zinco, o cádmio, o mercúrio e o arsénico nas lamas. A partição nas lamas varia consoante o processo de tratamento, mas normalmente 70-75% do cobre, cádmio, mercúrio e zinco que entram, 40% do níquel e 80% do chumbo são removidos nas lamas após o tratamento (Tjandraatmadja e Burn, 2005). O controlo dos contaminantes metálicos é necessário para facilitar a reutilização dos biossólidos das duas principais estações de tratamento de Melbourne (Grace e Clare 2006).

1-4-13 2Rio Nilo: O Nilo é um dos rios mais longos do mundo, correndo de sul para norte 6.850 quilómetros, ao longo de 35 graus de latitude. A sua bacia hidrográfica cobre aproximadamente 10 % do continente africano, com uma área de 3 10^6 Km^2 , e estende-se por 10 países. O rio distingue-se de outros grandes rios do mundo pelo facto de metade do seu curso atravessar países sem precipitação efectiva. Quase toda a água do Nilo é gerada numa área que cobre apenas 20% da bacia, enquanto o restante se encontra em regiões áridas ou semi-áridas onde o abastecimento de água é mínimo e onde as perdas por evaporação e infiltração são muito grandes (Diana 2005).

Nilo Branco: O troço do Nilo desde o Lago No até à sua junção com o Nilo Azul é conhecido como Nilo Branco. Este rio tem um declive extremamente plano. Nos 120 km superiores, desde o Lago No até à foz do rio Sobat, existem vários pântanos, khors e lagoas. Nos restantes 800 km, de Malakal até um pouco a montante de Cartum, o canal do Nilo Branco está quase livre de pântanos. (No troço de Malakal a Cartum, o Nilo Branco corre em condições cada vez mais semi-áridas. Em média, há 2,0 biliões de m^3 de perdas de água devido à evaporação. A cerca de 700 km a jusante de Malakal, a barragem de Jebel Aulia foi construída 40 km a montante de Cartum em 1937 pelos egípcios para armazenar água para os seus usos, o que acrescentou cerca de 2,5 biliões de m^3 às perdas por evaporação ao longo deste troço. (Abdalla e Hamid 2008)

1-4-15 Poluição dos rios: Estudos: Considerando os TDS, a qualidade do rio é completamente aceitável nas estações frias. No entanto, na primavera e no verão, o valor deste parâmetro aumenta, o que causa algumas restrições na utilização desta água para a irrigação de culturas sensíveis específicas. Para a avaliação da CBO, da CQO e do OD, a qualidade da água do rio é classificada em diferentes classes (a classe 1 indica a melhor qualidade e a qualidade desce para a classe 4) para cada curso de água em várias estações. O estado atual do OD é completamente aceitável, enquanto a CBO e a CQO se encontram num estado bastante mau. A deterioração da qualidade é mais notória nas estações frias. A maior quantidade de CQO nas estações frias pode ser atribuída a actividades agrícolas que resultam numa maior carga de CQO que entra no rio através da drenagem. (Mehrdadi 2006), (Yasmin *etal* 2012).

Classificação da qualidade da água de acordo com os valores de CBO5 [20]

BOD_5[20] level (ppm)m/L	Water quality
1-2	Very good :There will not be much organic waste present in the water supply
3-5	Fair : moderately clean
6-9	Poor: somewhat polluted ,Usually indicates organic matter is present and bacteria are decomposing this waste
>100	poor: very polluted Contain organic waste
100or greater	Very poor: very polluted Contain very high organic waste

Fonte: UNESCO. 2007

Classificação dos rios da Comissão Real $CBO5^{20}$

Classification	Approximate BOD_5^{20} (ppm) mg/L
Very clean	1
Clean	2
Fairly clean	3
Doubtful	5
Bad	10

Fonte: Klein 1971

Classificação da qualidade das águas superficiais com base nos valores de $CBO5^{20}$

Degree of pollution	BOD_5^{20} in mg/L
Very clean	≤ 1.0
Clean	1.1-1.9
Moderately polluted	2.00-2.9
Polluted	3.00-3.9
Very polluted	4.00-10
Extremely polluted	>10

Fonte: Miroslav e Vladimir, 2006

1-4-15 estudos efectuados em diferentes países:

1-4-15 -1 África: Egito: Um estudo realizado por (Mahassen, etal 2008) no Egito com o objetivo de estudar a avaliação do desempenho de uma lagoa de estabilização de resíduos numa zona rural revelou as seguintes conclusões: Os efluentes da WSP, que são descarregados no esgoto, tiveram a CBO reduzida de 245 para 109 mg/L (média = 145,3 mg/L, (remoção de 50,65%)). A CQO foi reduzida de 400 para 221 mg/ L (média = 289 mg/ L, (remoção de 48,95%)) e os sólidos suspensos totais (SST) foram reduzidos de 190 para 118 mg/ L (média = 157,8 mg/ L, (remoção de 44,3%)). As percentagens de redução de coliformes totais (CT)98,8, %.

Outro estudo realizado por (Elsharkawi etal 2006). no Egito com o objetivo de avaliar a estação de tratamento de águas residuais de Daqahla; lagoas de estabilização de resíduos. O estudo revelou que a comunidade de Daqahla tem águas residuais de alta resistência caracterizadas por uma média de $CBO5^{20}$ 454 mg/L e uma média de TSS 508 mg/L.

Além disso, verificou-se que a estação de tratamento de águas residuais de Daqahla foi carregada com um caudal real de 833m^3 /d superior ao caudal projetado de 520m^3 /d e as eficiências médias de remoção de SST, $CBO5^{20}$ e CQO foram de 92%, 95% e 93%, respetivamente, no que diz respeito à eficiência da lagoa anaeróbia, a $CBO5^{20}$ foi de 50%.

Egito: O estudo foi realizado por (Ahmed. M, *etal* 2013).no Egito Elzaraby WSPs com o objetivo de estudar, a eficácia das lagoas de estabilização. O estudo mostrou que a eficiência global de remoção de $CBO5^{20}$ em Elzaraby WSPs (88%) nos meses quentes é maior do que a registada nos meses frios 76%. Além disso, os valores máximos de $CBO5^{20}$ no esgoto bruto ocorrem no verão 426,3 mg /l, enquanto os valores mínimos de $CBO5^{20}$ são no inverno 305 mg/l. Os valores de pH das águas residuais das lagoas têm os seus valores mais elevados no verão, e aumentam ao longo da passagem das águas residuais com os valores mais elevados nas últimas lagoas de maturação. O aumento do valor do pH nos tanques de maturação deve-se à rápida fotossíntese das algas do tanque, que consomem dióxido de carbono (CO2) mais rapidamente do que este pode ser substituído pela respiração bacteriana.

Egito: o estudo foi realizado por (Ahmed. M. *etal* 2013) no Egito com o objetivo de estudar a eficácia da lagoa de estabilização de resíduos, o estudo indicou que a eficiência global máxima de $CBO5^{20}$ foi no verão (88%) e a eficiência mínima foi (73%) no inverno. A razão deste fenómeno deve-se à elevada temperatura do ar e à intensidade da luz solar que ocorre no verão em relação às outras estações, o que aumenta o crescimento das algas.

Tanzânia: Estudo realizado por (Magayane e Fredrick 2006). na Tanzânia com o objetivo de estudar o efeito de efluentes de baixa qualidade de lagoas de estabilização de águas residuais para corpos receptores, Rio Ruaha na Tanzânia. O estudo revelou o seguinte: o $CBO5^{20}$ do efluente descarregado no corpo recetor (rio Ruaha) era da ordem de 41 mg/L e, portanto, não cumpria várias normas estabelecidas pelas autoridades da água da Tanzânia e internacionais. As autoridades da água da Tanzânia exigem que a $CBO5^{20}$ dos efluentes descarregados nas massas receptoras não seja superior a 30 mg/L, enquanto a Organização Mundial de Saúde (OMS) exige que a qualidade dos efluentes se situe entre 10 e 30 mg/L, nos países rurais em desenvolvimento, onde a água potável das massas receptoras, como rios e lagos, é consumida sem tratamento rigoroso.

Na Nigéria: O estudo realizado por Maxwell e Oklo (2006) na Nigéria com o objetivo de estudar o efeito das estações do ano nas concentrações físico-químicas das águas subterrâneas nas áreas rurais do Estado de Benue. O estudo mostrou que a concentração de sólidos totais dissolvidos TDS nas águas subterrâneas é maior na estação seca181.7mg/L do que na estação húmida167.7mg/L.

1-4-15 -2 Ásia: Um estudo realizado por (Taebi e Pour-Eshaq 2009) nas lagoas de estabilização (Irão) em Fooladshahr e Koohpayeh com o objetivo de estudar a eficiência das lagoas de estabilização na redução dos poluentes das águas residuais municipais. O estudo revelou o seguinte: As eficiências médias das lagoas de estabilização em Fooladshahr e Koohpayeh na remoção de $CBO5^{20}$ foram 77,3% e 75,0%, na remoção de CQO 60,4% e 65,1%, e na remoção de SST 76,7% e 80,1%, respetivamente. Os valores médios de $CBO5^{20}$, CQO e TSS no efluente da estação de tratamento de Fooladshahr foram 38,8, 142,9 e 37,8 mg/L, respetivamente. Os mesmos valores para a estação em Koohpayeh foram 68,9, 260,1 e 82,8 mg/L. Observa-se que estas estações de tratamento não cumprem as normas relativas às descargas de águas residuais em águas de superfície receptoras adoptadas pelo Conselho Supremo do Ambiente do Irão e que, além disso, têm uma eficiência inferior quando comparadas com algum tipo de processo de tratamento secundário de lamas activadas. Por conseguinte, recomenda-se que as lagoas de estabilização sejam selecionadas com mais cautela para o tratamento de águas residuais sanitárias no Irão e que, sempre que possível, este processo seja integrado com outros processos de tratamento para atingir os padrões de efluentes desejados.

No Irão: O estudo foi realizado por (Haydeh etal, 2013) em Birjand, Irão, com o objetivo de estudar a avaliação do desempenho das lagoas de estabilização de resíduos em Birjand, para o tratamento de esgotos municipais. Os resultados destas investigações mostraram que as concentrações médias de efluentes de CBO5[30] , CQO e SST retirados da lagoa de maturação foram 68,9 mg/L,142,67mg/L, e 61,65mg/L, respetivamente. Além disso, estes resultados indicaram que os efluentes do tanque de maturação não correspondiam às normas da Agência de Proteção Ambiental do Irão para reutilização agrícola em termos de CBO5[20] , CQO e turvação. Assim, com base nesta investigação, o desempenho das lagoas de estabilização de Birjand foi fraco e precisa de ser melhorado.

No Irão: estudo realizado por (Movahedian e Asghari 2005). No Irão, Isfahan, com o objetivo de avaliar a toxicidade aguda dos efluentes de diferentes unidades de lamas activadas da estação de tratamento de águas residuais de Isfahan (IWTP). O estudo revelou que a eficiência de remoção do tratamento preliminar era de 8%. O objetivo do tratamento primário é a remoção de sólidos em suspensão. Partiu-se do princípio de que a sedimentação primária poderia remover 50% a 70% dos sólidos em suspensão e 25% a 40% da CBO5 no afluente (Metcalf e Eddy, 1993). O Departamento do Ambiente do Irão (DOE) estabeleceu níveis de CBO5 e SS inferiores a 30 e 40 mg/l, respetivamente, como limites admissíveis para a descarga de efluentes em águas receptoras (DOE, 2000). Os resultados do presente estudo mostraram que os parâmetros físico-químicos, por si só, não são suficientes para obter informações fiáveis sobre a toxicidade das águas residuais tratadas e que os testes de toxicidade devem ser efectuados em combinação com análises de rotina, como a CBO e a SS, a fim de garantir a segurança dos organismos aquáticos. A eficiência após o tratamento secundário foi de 8% e a eficiência total de 50%.

No Paquistão: Um estudo realizado por (Mumtaz e Hashim 2012) no Paquistão para avaliar o desempenho do sistema de lagoas de estabilização de resíduos de macrófitas para águas residuais municipais recolhidas em Taxila (Paquistão). Revelou os seguintes resultados: A redução média do valor do efluente de cada parâmetro $CBO5^{20}$ (48%), TDS (31%), TSS (30%), CQO (42%), coliformes fecais (45%), Os mecanismos de remoção de poluentes neste sistema incluem conversões microbiológicas aeróbias e anaeróbias, sorção, sedimentação, volatilização e transformações químicas.

Índia: O estudo foi efectuado por (Patel 2009). Maharashtra, Índia, com o objetivo de avaliar as caraterísticas físico-químicas das águas subterrâneas e das águas municipais na cidade de Amalner. Os resultados do estudo são os seguintes Os valores de pH das amostras de água variaram entre 7,1 e 8,0 e foram encontrados dentro do limite prescrito pela OMS. Os valores de CE estavam na faixa de 386 µS/cm - 2827 µS/cm. Foram observados valores elevados de CE em dois pontos de amostragem, indicando a presença de grande quantidade de substâncias inorgânicas dissolvidas na forma ionizada. Os valores de TDS variaram de 80 mg/L a 1760 mg/L. A água com mais de 500 mg/L de TDS não é considerada desejável para o abastecimento de água potável. A água subterrânea contém nitrato devido à lixiviação do nitrato com a água de percolação. As águas subterrâneas podem também ser contaminadas por esgotos e outros resíduos ricos em nitratos. O teor de nitratos na área de estudo varia entre 0,041 mg/L e 1,271 mg/L e encontra-se dentro do limite prescrito.

Na Índia: O estudo foi conduzido por (Priyanka Trivedi *etal* 2010) na Índia com o objetivo de realizar um estudo comparativo da variação sazonal da água, e revelou que os valores de TDS das amostras de água subterrânea no poço das bombas da estação postal (PSP) 684mg/L a 610mg/L no verão e no outono, respetivamente, são superiores a 500 mg/l prescritos pela OMS.

Na Índia: O estudo foi realizado por (Gadhia M, *etal* 2012) na Índia com o objetivo de estudar e determinar os parâmetros físico-químicos importantes da água do estuário do Tapi (rio). O estudo indicou que os valores de $CBO5^{20}$ se situam entre 72 mg/L e

14,46 mg/L durante as estações das chuvas e do verão, respetivamente. Os valores elevados de $CBO5^{20}$ podem dever-se à decomposição da matéria orgânica e à decomposição da vegetação no rio que se mistura com a água do mar durante a estação das chuvas. Além disso, o estudo mostrou que a carência química de oxigénio (COD) foi mais elevada na estação das chuvas, 235 mg/L, do que a registada durante a estação seca, 96 mg/L. Uma vez que a CQO tem uma relação direta com a $CBO5^{20}$, as razões apresentadas para que a $CBO5^{20}$ seja mais elevada na estação das chuvas são também responsáveis pela CQO, contribuindo assim para a poluição do rio.

Na Índia: O estudo foi realizado por (Pravat R, 2013). na Índia com o objetivo de estudar, estimar e monitorizar a variação sazonal e espacial das propriedades físico-químicas do estuário de Mahanadi, na faixa costeira da costa oriental da Índia. O resultado revelou que a variação sazonal de TSS variou de 3,53 mg/l a 56,88 mg/l). O valor mais elevado de TSS (56,88 mg/l) foi registado durante a estação das chuvas, o que indica que o estuário está contaminado por escoamento do rio, efluentes industriais e esgotos municipais.

Na Índia: Foi realizado um estudo por (Shiddamallayy, N. e Pratima, M 2008) na Índia com o objetivo de estudar o impacto das águas residuais domésticas na água doce. O estudo indicou que o teor mais baixo de sólidos suspensos totais foi calculado durante o verão, 72 mg/L, devido à utilização de minerais para o crescimento luxuriante do fitoplâncton. A concentração máxima foi registada durante o outono, 122 mg/L, devido à adição de sólidos por escoamento. A CBO5 mínima^{20} foi registada durante o inverno devido à diminuição da temperatura, o que leva à diminuição da atividade microbiana e à proliferação de algas. A $CBO5^{20}$ mais elevada foi registada durante o outono, 3,34 mg/L, devido à eutrofização da massa de água.

Na Índia: Foi realizado um estudo por (Patel V, Parikh P, 2010) na Índia com o objetivo de investigar a variação sazonal das caraterísticas físico-químicas da água do rio Mini. O estudo revelou que a concentração média de $CBO5^{20}$ no estudo variou entre 8,0 mg/L no verão e no inverno, tendo o nível de $CBO5^{20}$ aumentado até 40,33 mg/L no outono. Além disso, no outono, os níveis de CQO de 163 mg/L foram mais elevados em comparação com as outras estações (inverno e verão), o que reflecte o elevado teor de matéria orgânica no ribeiro ou rio. O total máximo de sólidos dissolvidos TDS foi observado durante o verão (3339,33 mg/L), mais elevado do que nas outras estações do inverno e do outono (890 mg/L). O nível mais elevado de TDS durante o verão deve-se provavelmente à influência das actividades industriais, como a adição de efluentes ao rio.

Índia: o estudo foi realizado por (Prabhahar C, etal 2012) na Índia com o objetivo de investigar as caraterísticas físico-químicas da água do rio Palar. O estudo indicou que os valores médios máximos de TDS 481,64mg/L durante o verão.

Índia: Foi realizado um estudo por (Ravi Kumar *etal* 2010) na Índia com o objetivo de avaliar a eficiência das estações de tratamento de águas residuais. Estudo comparativo entre as estações de tratamento de águas residuais de Nagasandra e Mailasandra, na Índia. O estudo de desempenho revelou que a eficiência das duas estações de tratamento era fraca no que respeita à remoção do total de sólidos dissolvidos, em contraste com a remoção/redução de outros parâmetros como o total de sólidos suspensos, CBO5[20] e CQO. Na estação de tratamento de Mailasandra, a eficiência de remoção de TDS, TSS, CBO e CQO foi de 20,01, 94,51, 94,98 e 76,26 %, respetivamente, enquanto na estação de tratamento de Nagasandra, a eficiência de remoção de TDS, TSS, CBO e CQO foi de 28,45, 99,0, 97,6 e 91,60 %, respetivamente. Os problemas associados ao funcionamento e à manutenção das estações de tratamento de águas residuais e das amostras de saída das ETA, a CQO passou de 446 mg/L para 132 mg/L, os SST de 219,7 mg/L para 75,4 mg/L e o pH de 6,3 para 7,28 à temperatura de 28 C .^{0}

Bangladesh: Foi realizado um estudo por (Kashem *etal* 2007) em Dhaka, com o objetivo de estudar a comparação da capacidade de extração de Cd, Cu, Pb e Zn com extração sequencial em solos contaminados e não contaminados. A conclusão foi a seguinte: as concentrações totais de Cd, Cu, Pb e Zn nos solos variaram de 0,7 a 12,5,

23 a 133, 19 a 359 e 90 a 704 mg/L, respetivamente.

Bangladesh: O estudo foi realizado por (Mokhlesur 2011) em Mymensingh e Gazipur, no Bangladesh, com o objetivo de avaliar a toxicidade metálica das águas residuais para utilização na irrigação. Os valores de pH de todas as amostras de águas residuais variaram entre 7,73 e 10,25, indicando uma natureza ligeiramente alcalina a alcalina. A faixa de pH aceitável para irrigação é geralmente de 6,5 a 8,5. A condutividade elétrica (CE) de todas as amostras estava dentro do limite de 550 a 3260μS⁄cm com uma média de 1708μS⁄cm. Isto indicou uma salinidade muito elevada, que foi vista como inadequada para a irrigação. Os valores de sólidos totais dissolvidos (TDS) variaram de 369 a 2184 mg/L com um valor médio de 1145 mg/L.

Bangladesh. O estudo foi realizado por (Lutfor Rahman A. K.*etal* 2012) no Bangladesh com o objetivo de avaliar o grau de poluição da água do rio Turag através da determinação de vários parâmetros físico-químicos e o estudo revelou que o valor mais baixo de $CBO5^{20}$ foi encontrado no rio Turag na estação de campo de Ijtema no período húmido. Os valores variaram entre 10 e 30 mg/L, enquanto na estação seca variaram entre 73 e 180 mg/L.

Bangladesh: Outro estudo foi realizado por Suravi, M, *etal* 2012) no Bangladesh com o objetivo de investigar a qualidade da água do rio Pungli na região de Tangail e o estudo revelou que a gama de concentração de $CBO5^{20}$ da água do rio Pungli variava entre 1,6 e 11,5 mg/L, no outono, 2,5 e 8,1 mg/L no verão e 2,45 e 1,64 mg/L no inverno. A variação sazonal observou um valor elevado de $CBO5^{20}$ durante o outono do que no inverno e no verão e o TDS variou entre 271 mg/L, 242 mg/L e 73mg/L no verão, no outono e no inverno, respetivamente.

1-4-15 -3 Europa: Turquia: estudo realizado (Delia e Nefise 2013). na Turquia, numa fábrica de lamas activadas com o objetivo de estudar a Investigação de bactérias anaeróbias dominantes ao longo da degradação de uma água residual bruta da indústria de antibióticos E revelou a seguinte constatação a redução da CQO, SST, de 5000 para 180 mg/L e de 250 para 23 mg/L, respetivamente, à temperatura de 37C .$^{0/}$

Na Turquia: Um estudo foi realizado por (Hayri 2013) numa fábrica de lamas activadas, com o objetivo de estudar o tratamento e a reutilização de águas residuais industriais e revelou os seguintes resultados: a qualidade da água foi examinada. A CQO média é de 108 mg/l, a SS média é de 16 mg/l.

1-4-15 -4 América Latina: Brasil: O estudo foi conduzido por (Cesar *etal* 2005) no Brasil com o objetivo de estudar a avaliação da genotoxicidade do esgoto doméstico foi realizado em uma estação de tratamento de águas residuais municipais de lodo ativado. O estudo revelou os seguintes resultados: Análises físico-químicas e caraterização das amostras de esgoto sedimentadas: Perfil da estação de tratamento de águas residuais durante a amostragem do estudo:

Parameter (mg/L)	Crude sewage	Primary	Secondary	Tertiary	Removal (%)
BOD	482	317	47	13	97
COD	815	644	85	37	95
TSS	303	131	13	7	97

Brasil: O estudo foi realizado por (Isaac Rodrigues Santos *etal* 2008) em Rio Grande, Brasil, com o objetivo de estudar a influência dos afluentes de uma estação de tratamento de águas residuais na distribuição de nutrientes num riacho costeiro do sul do Brasil. O estudo revelou os seguintes resultados: A $CBO5^{20}$ pode ser usada para avaliar o sucesso do sistema de tratamento na remoção de matéria orgânica do efluente. Os maiores valores de $DBO5^{20}$ (11,2 mg/L) nas amostras a jusante do efluente tratado, indicaram que o tratamento não estava removendo 100% da carga orgânica e, provavelmente, bacteriana do esgoto. A eficiência do processo de tratamento normalmente varia de 95 a 99%. Apesar de as determinações de $CBO5^{20}$ indicarem que o sistema removeu eficientemente a maior parte da carga orgânica do esgoto, o efluente tratado alterou significativamente a qualidade da água e a biogeoquímica do ribeirão Vieira. A ribeira da Vieira foi alterada pelas entradas de efluentes tratados.

1-3-13 -5 América do Norte -O estudo foi conduzido por (Javier *etal, 2008)* no México com o objetivo de estudar a eficiência do sistema de lagoas de estabilização de resíduos na área subtropical do México e revelou os seguintes resultados: Dois períodos de desempenho foram estabelecidos de acordo com as mudanças observadas nas lagoas (cor, odor, presença de flocos). As eficiências de remoção durante o verão ($CBO5^{20}$, 84%, CQO , 76%, coliformes totais, 99%, coliformes fecais, 97%) foram mais elevadas do que as do segundo período (outono) (CBO_5^{20} , 82%, CQO ,18%, coliformes totais 80%, e coliformes fecais 85%). As remoções de $CBO5^{20}$ em ambos os períodos foram semelhantes e adequadas. A remoção das restantes variáveis foi significativamente inferior. No entanto, o sistema cumpriu em ambos os períodos a maioria das normas impostas pela legislação mexicana. .

Referências

- Abd el-magid e Donald (1995). Handbook of wastewater reclamation and reuse, Lewis publisher, Londres, Reino Unido

- Abdalla A. e Hamid A, 2008. Sediment in the Nile River System, UNESCO, Programa Hidrológico Internacional, Iniciativa Internacional sobre Sedimentos, Cartum, Sudão

- Acardio p, e Gregoria A, (2003). Physical-chemical treatment of water and wastewater treatment, CRC press, London. REINO UNIDO

- Agriculture and Resource Management(ARM),(2007).Australian Guidelines for sewerage systems effluent management, National water quality management strategy, Australian Water a and Wastewater Association

- Ahmed. M., Ahmed. A, e Mohamed H, (2013).Eficácia das lagoas de estabilização na remoção de salfonato de alquil benzeno linear (LAS) .Egito, Cairo, Journal of Urban and Environmental Engineering, Vol.7, no.(1), p.134-142

- Albaz I, Otter R, e Wendland C, (2008). Efficient management of wastewater treatment and reuse in water scarce countries (Gestão eficiente do tratamento e reutilização de águas residuais em países com escassez de água), Springer, Verlag Berlin, Alemanha

- Assadian, N, Esparza L , Fenn A, Ali S Miyamoto U, Figueroa V e Warrick, A (2008). Variabilidade espacial de metais pesados em campos de alfafa irrigados na bacia superior do Rio Grande. Agricultural Water Management. Vol 36, no .(2), pp.141-156

- BIsaac R, Ronaldo C, Ubiratan, e Gilberto F, (2008). Influência de Efluentes de uma Estação de Tratamento de Efluentes na Distribuição de Nutrientes em um Riacho Costeiro do Sul do Brasil, Arquivos Brasileiros de Biologia e Tecnologia, revista internacional, Vol.51, no. (1). pp.153-162

- Blaine R, (2011).Condutividade eléctrica de electrólitos encontrados em águas naturais de (5 a 90), °C, Colorado, EUA.Vol.56, pp. 317-327

- Boari G, Mancini I, e Trull I, (2007).Technology for water and wastewater treatment, Potenza, Itália

- Bond W, (2007). Effluent irrigation an Environmental challenge for soil science (Irrigação com efluentes - um desafio ambiental para a ciência do solo). Australian Journal of Soil Research, VO .13, no.(4), pp. 543

- Burkhardt W, Kern R, Calci W, Watkins D, Rippey S e Chirtel S (2005).Inativação de organismos indicadores em águas estuarinas. Wat,Res, Vol 34,pp. 2207-2214.

- Byappanahalli M, e Fujioka R, (2004). As bactérias indígenas do solo e a baixa humidade podem limitar, mas permitem que as bactérias fecais se multipliquem e se tornem uma população menor no solo tópico. Wat. Sci. Tech.Vol 50, no (1), 27-32.

- Central Bureau of Statistics (2009). Statistical Year Book for the Year. Sudão ,Cartum

- Cesar K, Adriano B, Helder B, e Maria d, (2005). Avaliação da genotoxicidade do esgoto doméstico em uma estação de tratamento de esgoto municipal, Sociedade Brasileira de Genética. , Brasil Vol. 28, no. (2), pp 334-338

- Cortez S, Teixeira P, Oliveira R, e Mota M, (2008). Contactores biológicos rotativos: uma revisão dos principais factores que afectam o desempenho, environmental science ,technology, vol.7, no.(10), pp. 155-172, Braga, Portugal

- Damia B, e Rey G, (2011). The Handbook of Environmental chemistry tratamento e reutilização de águas residuais na região mediterrânica Springer, Heidelberg, Londres, Reino Unido

- David H, e Bela G, (1999). Handbook of Environmental Engineers, CRC press,

EUA

- Degens, B, Schipper; J, Claydon M, Russell A, e Yeate G (2004).Irrigação de um solo alofânico com efluentes de uma fábrica de lacticínios durante 22 anos: respostas do armazenamento de nutrientes e do biota do solo. Australian Journal of Soil Research, Vol. 38, 25-35

- Diana R, (2005). Water Sharing in the Nile River Valley. Sustainable use of natural resources, PNUA, Genebra

- Dirar, H ,(2011). Contagem de bactérias coliformes na água do Nilo em Cartum". Environ. Intern. Vo.12, no. (4),pp 57-76.

- Downs, T,Garcia E, e Suffet I, (2006).Rastreio do risco de exposição à poluição das águas subterrâneas num distrito de irrigação de águas residuais da região da Cidade do México. Environmental Health Perspectives, Jul Vol.107, no.(7) pp:553- 561.

- Eliot A , Estella A , Rebecca S, Rowe D. Dale Werkema J, and Franklyn D.(2004).The relationship of total dissolved solids measurements to bulk electrical conductivity in an aquifer contaminated with hydrocarbon ,USA, Journal of Applied Geophysics Vol. 56, no.(22),pp 281- 294

- Elsharkawi F, Elsebaie O, Hossam A, e Abdelkarim G,(2006).Avaliação de daqahla, estação de tratamento de águas residuais, sistema de lagoas aeradas e tanques.wat.tech.Vol.32, no.(11), pp111-119

- Environmental Protection Agency (EPA) (2000).Wastewater Technology fact sheet trickling filters, Office of Water Washington, D.C. Estados Unidos

- Environmental protection agency (EPA) (2004).Primer for municipal wastewater treatment system, Washington, USA

- Esi A, (2006). Mecanismos de remoção de agentes patogénicos em lagoas de estabilização de resíduos de macrófitas e algas, Países Baixos

- Farid M, Atta M, Rashid M, Munnink J, e Platenburg. R. (2008).O impacto da reutilização de águas residuais domésticas de irrigação na qualidade das águas subterrâneas. Ciência e tecnologia da água, Vol, 27.no,(9), pp: 147-157.

- Feachem, R, Bradley D, Garelick H, e Mara D, (2007). Sanitation and Disease, Health Aspect of Excreta and Wastewater Management. John Wiley and Sons, Chichester.

- Frank R, (2003). Handbook of water and wastewater treatment plant operation, Lewis publisher, Nova Iorque, EUA

- Frank R,(2004).Mathematics manual for water and wastewater treatment plant operation, CRC press, New York, USA

- Gabriel B, (2005). Wastewater microbiology 3th Edition, John Wiley and Sons, Hoboken, New Jersey, USA

- Gabriel Bitton,(2005).wastewater microbiology Third Edition, Publicado por John Wiley & Sons, Inc., Hoboken, New Jersey.

- Gadhia M, Surana E, e Ansar E ,(2012). Variações Sazonais nas Caraterísticas Físico-Químicas do Estuário do Tapi na Zona Industrial de Hazira. J, Our Nature, Vol.10: pp. 249-257

- Gallegos A, Warren E, Robles E, Campoy A, Calderon G, Sainz P, Bonilla O e Escolero ,O (2007). The effects of wastewater irrigation on groundwater quality in Mexico, J. Water Science and Technology, Vol. 40, no. (2), pp. 45-52.

- Gautam S, 2005. Guide manual water and wastewater analysis, central pollution board, Índia

- Gayathri D, Briun D, Madurs S, e Anne M,(2008).A frame work for efficient wastewater treatment and recycling system, international water management, Colombo, Srilanka

- Gerry B, (2009). Estudos de poluição ambiental, Liverpool, universidade, Reino

Unido

- Ghawi, H. Kris J, (2009). Utilização de um contactor biológico rotativo para o tratamento de águas residuais com tecnologia adequada, Slovak journal of civil engineering, Vol.15, no.(3), pp.1-8, departamento de engenharia civil, Faculdade de engenharia civil, Universidade AL-Qadisyia, Iraque

- Grace T, e Clare D, (2006).Water for a Healthy Country, Sources of critical contaminants in domestic wastewater, National research flagship, Commonwealth of Australia

- Gray N, (2004). Biology of wastewater treatment second edition, imperial college press, Londres, Reino Unido

- Gray N, (2010).Water technology an introduction for environmental scientist, and engineer's third edition IWA publisher, London, UK

- Greenberg A, Clesceri L, e Eaton A (2005).Standard methods for the examination of water and wastewater 20th Edition, APHA/AWWA, Water Environmental Fed. Washington D.C

- Guy H, Clars B, Gerg G, Joy M, Annette P, e Rod S, (2002). Healthy Village A guide for communities and community health workers, organização mundial de saúde, Genebra

- Halling B, e Jorgensen, S (2005).Studies in Environmental science the removal of nitrogen compounds from wastewater, Elsevier science publishers, Amsterdam, the Netherland

- Haydeh H, Mohammadreza D, e Mohammad Hossein S, (2013). Avaliação do desempenho da lagoa de estabilização de resíduos em Birjand, Irão, para o tratamento de águas residuais municipais. actas da academia internacional de ecologia e ciências ambientais, Vol. 3, no.(1), PP.52-58

- Herman K , e Michael B,(2003).Handbook of Environmental Health, Volume 2, quarta edição interações de poluentes no ar, água e solo, Lewis publishers, Londres,UK

- Hewitt G,(2004). Conductivity theory and practice, Impresso por Radiometer Analytical SAS , França

- Isaac R, Santos, C, Ubiratan F, e Gilberto F, (2008). Influência dos Efluentes de uma Estação de Tratamento de Efluentes na Distribuição de Nutrientes em um Riacho Costeiro do Sul do Brasil. International Journal, Vol.51, no. (1) : pp.153-162, janeiro-fevereiro

- Igbinosa E, e Okoh,A (2013).Impacto da descarga de efluentes de águas residuais nas qualidades físico-químicas da bacia hidrográfica recetora numa comunidade rural típica" Int. J. environ. Sci.Technol .Vol, 6, no. (2), pp175 - 182

- Intizar H, Lig R , Munira A, Hanjara F, e Wim V, (2004).Utilização de águas residuais na agricultura - revisão dos impactos e questões metodológicas na avaliação dos impactos, International water management, Colombo, Srilanka

- Javier A, Alfonso L, Alejandra L, e. Rosario S, (2008).Eficiência do sistema de lagoas de estabilização de resíduos numa zona subtropical do México, Rev. Int. Contam. Ambient, Vol. 9, no(l), pp.29-36

- Jeff C, e Pam F, (2008). Um guia comunitário para a saúde ambiental, Hesperian, Canadá

- Kambole M (2003).Managing the Water Quality of the Kafue River, In: Física e Química da Terra, pp 1105 - 1109

- Kashem M, Singh R , Kondo T, Imamul Huq M, e Kawai S, (2007).Comparação da extractibilidade de Cd, Cu, Pb e Zn com extração sequencial em solos contaminados e não contaminados, Dhaka ,Bangladesh ,int. J. Environ. Vol.4, no. (2,) pp 169176,

- Kayombo S e Ladegaard N 2(006) . manual de conceção de lagoas de estabilização de resíduos e zonas húmidas construídas, darelsalm .Tanzânia

- Kijne, J, Parthaper ,e Sahrawat. S ,(2008). Como gerir a salinidade em terras irrigadas: A selective review with particular reference to irrigation in developing countries. SWIM Paper 2, Instituto Internacional de Gestão da Água, Colombo: Sri Lanka.
- Klein. (1971). Poluição dos rios, London Butter worth's publisher, Reino Unido. Londres
- Krenkel A, e Novotny V,(2008).Water Quality Management, Academic Press, New. York
- Kruse E, e Barrett W, (2005). Effects of municipal sludge and fertilizer on heavy metal accumulation in earthworms (Efeitos das lamas municipais e dos fertilizantes na acumulação de metais pesados nas minhocas). Environmental Pollution (Series A). Vol. no.(38), pp. 235-244
- Lal D, (2008), Water supply and wastewater Engineering, yash printographs Delhi, Índia
- Laverence K, Nasik K, e Yung T, (2009).Handbook of Environmental Engineering volume 9, advanced biological treatment processes, Humana press, New York USA
- Lawrence K, Joe H, Stephen T, e Yung T, (2010). Handbook of Environmental engineering, environmental bioengineering, Humana press, EUA
- Lee C, e shun D, (2007). Handbook of Environmental Engineering calculation second edition MC-GRAW-HALL; USA
- Len Y ,Wen-Shi, C and Mong,H (2005) .Natural disinfection of wastewater in marine outfields, Wat.Res,Vol,34, pp:743-750.
- Liga R, e Priyantha J, (2008). Driver and characteristics of wastewater agriculture in developing countries, gestão internacional da água, Colombo, Srilanka

- Lutfor Rahman A.K, Islam M, HossainM. Z e Ahsan M.A, (2012). Estudo das variações sazonais dos parâmetros de qualidade da água do rio Turag, African Journal of Pure and Applied Chemistry Vol. 6 no(10), pp. 144148, 30 de maio, 2012

- Magayane M, e Fredrick M, (2006). Efeito de efluentes de baixa qualidade de lagoas de estabilização de águas residuais em corpos receptores, caso das lagoas de açúcar de kilombero e do rio ruaha, Tanzânia, Int. J. Environ. Res. Public Health 2006,Vol 3.no(5).pp. 209-216

- Mahassen M, El-Deeb G, Waled M, El-Senousy, M, Abdel-Aatty M, e Mohammed K, (2008). Avaliação do desempenho de uma lagoa de estabilização de resíduos numa zona rural do Egito, American Journal of Environmental Sciences, Vol. 4, no. (4), pp, 316-325,

- Mahvi, A (2008). Reator de lotes sequenciais, uma tecnologia promissora no tratamento de águas residuais. Jornal do Irão de Engenharia de Ciências da Saúde Ambiental, 2008, Vol.5, NO (2), PP 79-90

- Maiti S, (2004). Hand book of methods in Environmental studies, VO.1, Water and wastewater analysis ABD publishers, India

- Mara D e Nigel H (2003). Handbook of water and wastewater microbiology, Academic press an imprint ESEVIER, London, UK

- Mara D,(2003). Domestic wastewater treatment in developing countries, earth can, Londres, Reino Unido

- Mark D, (2004). Swimming in sewage the growing problem of sewage pollution and how the bush the administration is putting our Health and environment at risk, natural resources defence council, NRDC, New York, USA

- Mark S, (2009). Tratamento de águas residuais, compreensão das lamas activadas, TETRA, TECH, NUS. EUA, Nova Jérsia

- Maxwell B, e Oklo ,C (2006). Variação sazonal nas caraterísticas físico-químicas das águas subterrâneas rurais do estado de Benue, Nigéria, Journal of Asian Scientific Research Vol,2. no(10):pp,574-586

- Mcbride B, (1995). Acumulação de metais tóxicos devido à utilização agrícola de lamas: Are USEPA regulations protective. Journal of Environmental Quality. Vol. 24, pp. 5-18.

- Mehrdadi N, Ghobadi M, Nasrabadi F, e Hoveidi H (2006). Avaliação da qualidade e do potencial de auto-purificação do rio Tajan, Irão. J. Environ, Health, Sciences. Engineers, Vol. 3, no.(3), pp. 199-204

- Mekala, G. Davidson, B, amad, M. Boland, A. (2008). Um quadro para sistemas eficientes de tratamento e reciclagem de águas residuais. Instituto Internacional de Gestão da Água, Colombo, Sri Lanka:

- Metcalf e Eddy (2003), Wastewater Engineering treatment and reuse fourth edition, MC-Graw-Hill. Hong Kong, China

- Mezrioui N, e Oudra B, (1998).Dinâmica da flora de picoplâncton e microplâncton nas lagoas experimentais de estabilização de águas residuais da região árida de Marraquexe, Marrocos, e efeitos das cianobactérias na sobrevivência de Escherichia coli e Vibrio cholerae, em Wastewater treatment with algae, Wong Y-S e Tam NFY (Eds), Springer-Verlag e Lands Bioscience, pp. 165-188, p. 234.

- Michael H.(2002): Settle ability problems and loss of solids in the Activated sludge process A John Wiley and Sons, Inc., Publication, Hoboken, New Jersey. Publicado simultaneamente no Canadá

- Michael L. (2010). Operators guide to activated sludge bulking, 35th Annual Qld Water Industry Operations Workshop Community Sports Centre, CQ University, Rockhampton

- Miguel P, e Mara D (2004).Waste stabilization Ponds, International water and sanitation canter, IRC

- Miroslav R, e Vladimir N, (2006). Practical environmental analysis.2edition .printed by MPG book ltd. published by the Royal society of chemistry, Cambridge.UK

- Mokhlesur M, Rahman, d. Abu Sayem J, e Jang E,(2011). Avaliação da Toxicidade Metálica das Águas Residuais para Irrigação em Algumas Áreas Industriais do Bangladesh. Jornal da Sociedade Coreana de Agricultura Ambiental Vol. 30, n.º (2), pp. 189-195,

- Mosley L, Sarabjeet S. e Aalbersberg, B. (2004): Water quality monitoring in Pacific Island countries. Handbook for water quality managers and laboratories, Public Health officers, water engineers and suppliers, Environmental Protection Agencies and all those organizations involved in water quality monitoring (1st Edition). SOPAC, Universidade do Pacífico Sul. Suva, Ilhas Fiji

- Movahedian H, Bina B, e Asghari G, (2005).Toxicity evaluation of wastewater treatment plant effluents using daphnia magna, Iranian Journal Environmental Health Sicience Engineering, Vol.2, NO.2, pp.1-4

- Mumtaz S, e Hashim N,(2012).Lagoas de estabilização de resíduos de macrófitas: Uma opção para o tratamento de águas residuais municipais. Revista Internacional de Ciências Físicas Vol. 7, no.(30), pp. 5162 - 5166, Taxila, Paquistão

- Nascimento M, Oliveira J e Mexia T, (2006).Contribuição para o estudo da remoção de novos indicadores patogénicos de lagoas de estabilização de resíduos em Portugal. Wat, Sci. Tech. Vol,24, no.(2), 381-386

- Inventário Nacional de Poluentes (NPI), (2008). Emission estimation technique manual for sewage and wastewater treatment version 2, common wealth of Australia

- Conselho Nacional de Investigação (NRC). (1996). Use of reclaimed water and sludge in food crop production (Utilização de água recuperada e lamas na produção de culturas alimentares). Academia Nacional, Imprensa, Washington, D.C

- Nicholas P, (2009). Biotechnology for waste and wastewater treatment, Nova Iorque, EUA

- Olanczuk K, Neyman H, Stosik F, e Mikolajski S, (2001). Avaliação da remoção de bactérias indicadoras em processos de tratamento de águas residuais. Jornal Polaco de Estudos Ambientais Vol. 10, no. (6) pp, 457-461

- Oudra T, Aizawa J, Umita T, e Yagi T, (2007). Eficiências de remoção de microrganismos indicadores em estações de tratamento de águas residuais. Water Sci. Techno Vol, no. (21) pp, 119-124.

- Owili M, (2003). Avaliação do impacto dos efluentes de esgotos na qualidade da água costeira em Hafnarfjordur, Islândia, Instituto de Investigação Marinha e das Pescas do Quénia, Projeto Final,

- Pacific Gas and Electric Company (PGFC), (2006). Estudo de base energética da estação municipal de tratamento de água. Pacific Gas and Electric Company sob os auspícios da Comissão de Serviços Públicos da Califórnia.

- Patel V, e Parikh P, (2010).Avaliação da variação sazonal da qualidade da água do rio Mini, em Sindhrot, Vadodara, revista internacional de ciências ambientais, Vol, 3, no (5), 2013. ISSN 0976 - 4402

- PatiL V, (2009). Análise físico-química de amostras selecionadas de águas subterrâneas da cidade de Amalner no distrito de Jalgaon, Maharashtra, Índia, Journal of Chemistry, School of Environmental and Earth Sciences, North Maharashtra University, Jalgaon, Maharashtra, Índia. Vol. 7, no.(1), pp111-116

- Pescod M, (2007). Wastewater treatment and use in agriculture, FAO, irrigation and drainage paper 47, Organização das Nações Unidas para a Alimentação e a Agricultura, Newcastle, Reino Unido

- Prabhahar C,Saleshrani K, e Tharmaraj K, (2012).Variação sazonal dos parâmetros físico-químicos do rio Palar no segmento de vaniyambadi e arredores, distrito de vellore, tamil nadu, Índia, revista internacional de arquivos farmacêuticos e biológicos 2012;Vol: 3,no(1),pp99-104

- Pravat R,Biswabandita K,Partha C, Chitta R,(2013).Variação sazonal das propriedades físico-químicas das amostras de água no estuário de Mahanadi, costa leste da Índia, Journal of Environmental Protection, 2013, Vol 4, no (10) pp.843-848

- Priyanka T, (2010).Estudo comparativo da variação sazonal das caraterísticas físico-químicas da qualidade da água potável de Kanpur, Índia. Natureza e ciência,Vol:8,no(4).pp,14-25

- Radha R, Dharmaraj K, e Ranjitha B, (2007). Um estudo comparativo sobre a análise físico-química e bacteriana da água potável, de poços e de esgotos em três locais diferentes de Sivakasi. Jornal de Biologia Ambiental de janeiro, Vol.28, nº(1), pp. 105-108

- Rashed M. Awad S, Salam M, e Smidt E, (2005). Monitorização das águas subterrâneas na área irrigada com águas residuais de Gabal el Asfar (Grande Cairo). Ciência e Tecnologia da Água. Vol. 32, no. (11), pp. 163-169

- Ravi Kumar P, Liza Britta e Somashekar, R (2010). Avaliação da eficiência das estações de tratamento de águas residuais. Estudo comparativo entre as estações de tratamento de águas residuais de Nagasandra e Mailasandra. Revista universitária Kathandu de Ciência, Engenharia e Tecnologia, Vol. 6, n.º (11), , pp 115-125

- Raymond A, e Felix E, (2011). Metais pesados em solos contaminados: A Review of Sources, Chemistry, Risks and Best Available Strategies for Remediation, Grupo de Investigação em Química Ambiental Analítica, Departamento de Química, Universidade Estatal de Benue, Makurdi, Nigéria

- Rhoades R, chanduvi F, e lesch S, (2009). Soil salinity assessment methods and interpretation of electrical conductivity measurements, FAO irrigation and drainage paper 57, organização das nações unidas para a alimentação e a agricultura

- Rober L, e Timothy E, (2002). Manual do sistema de tratamento de águas residuais no local Agência de Proteção Ambiental (EPA), EUA

- Ronald W, Crites J, e Sherwood C, (2006). Natural wastewater treatment systems, Taylor and Francis Group, CRC Press is an imprint, USA

- Ronald, F (2004). Sequencing batch reator design and operational considerations ,New England interstate water pollution control commission ,America, New York

- Sacchidananda M, e P, (2006). Poluição das águas subterrâneas e desafios ambientais emergentes da irrigação com efluentes industriais, um estudo de caso de mettupalayataluk, tamilnadu, Institute of Rural Management Anand (IRMA), Índia.

- Salvato A, Nelson L Franklin J, e Patrick S, (2009). Environmental Engineering, 6 edition, water, wastewater, soil, and ground water treatment and remediation ,John Wiley and sons .New Jersey Canada

- Sastry S, Sarva R, e, Nahata K, (2013). Tratamento e Estudo de Parâmetros de Águas Residuais Municipais de Cidade Urbana. Jornal Internacional de Tecnologia Emergente e Engenharia Avançada, Vol. 3, no. (3), pp.946-950

- Shib Abir (2014). Variações sazonais nas caraterísticas físico-químicas da água subterrânea, Research Journal of Chemical Sciences, Índia, Vol. 4 no (1), pp.31-40,

- Shiddamallayy, N, e pratima, M (2008). Impact of domestic sewage of waster body, Journal of Environmental Biology, 29(3) 303-308

- Shun D, e Lee C, (2007). Manual de cálculo de água e águas residuais Segunda edição, MC Graw-Hill, EUA

- Sreemahdevan P, 2009. A comprehensive laboratory manual environmental science and technology, new age international (P) limited publishers, New Delhi, India

- Steven E, e Williams, P (2011). Reconsidering rotating biological contactors as an option for municipal wastewater treatment, Nova Iorque, EUA

- Suravi1 M, Sirajul I, Muhammad A, Nowara M, e Nargis S, (2013). Variações sazonais dos parâmetros físico-químicos da água no rio Pungli, Tangail, Bangladesh revista internacional de microbiologia atual e ciências aplicadas Vol, 2 no. (5) (2013) pp. 155-167

- Taebi A, e Pour-Eshaq M, (2009). Stabilization pond efficiency in reducing municipal wastewater pollutants, A case study of two treatment plants in two townships in Isfahan province, Iranian Journal Environmental Health Sicience and Engineering, Vol.2, no.(2) , pp.1-3

- Tiwari B, (2009). Sewage pollution and pollution and microbiology, swastika publisher, Delhi, Índia

- Cátedra UNESCO de Recursos Hídricos, (2007). Curso breve sobre qualidade da água e purificação da água para abastecimento doméstico. Haga Osman Mohamed Abdallah. Khartoum. Sudão

- Nações Unidas (ONU) (2003). Comissão Económica e Social para a Ásia Ocidental. Wastewater treatment technologies a general review, Nova Iorque, EUA

- Organização Mundial de Saúde (OMS) (2002). Saúde Ambiental, Gabinete Regional para o Mediterrâneo Oriental, Centro de Actividades de Saúde Ambiental (CEHA) Jordânia, Omã

- Organização Mundial de Saúde (OMS) ,(2003). Total dissolved solids in Drinking-water Background document for development of world Health Organization Guidelines for Drinking-water Quality. Genebra

- Organização Mundial de Saúde (OMS), (2005). A regional overview of wastewater management and reuse in the Eastern Mediterranean Region, Gabinete Regional da Organização Mundial de Saúde para o Mediterrâneo Oriental Centro Regional de Actividades de Saúde Ambiental

- Organização Mundial de Saúde (OMS) (2006). Reutilização de efluentes de águas residuais e salvaguardas para a saúde, OMS, Genebra

- Organização Mundial de Saúde, (OMS) , (2007). Lagoas de estabilização de resíduos, princípio de planeamento e prática, OMS EMRO, publicação técnica NO .1, Genebra

- Yasmin N, Mughal S, Afzal F, Ahmed, e Jawad A. (2012). Impacto dos efluentes industriais e de esgotos na qualidade da água e dos sedimentos da costa de Karachi, 1Centro de Investigação Ambiental da Universidade de Bahria, Campus de Karachi, Karachi, Paquistão, Jornal do Médio Oriente de Investigação Científica Vol.11, n.º 10: PP.1443-1454

- Yaziz M, and Lioyd B, (2006).The removal of Salmonellas in conventional sewage treatment plants. J. Appl. Bacterio.V 1 .no. 46: 131142.

- Yusuff R, e Sonibare J, (2005). Characterization of textile effluent in Kaduna, Nigeria and pollution implications, Departamento de Engenharia Química da Universidade Ladoke Akintola de Ogbomosho. Ninho Global da Nigéria: o Int. J. Vo,l 6, no (3), pp 212-221

MIX
Papier aus verantwortungsvollen Quellen
Paper from responsible sources
FSC® C105338

FSC
www.fsc.org

Printed by Books on Demand GmbH, Norderstedt / Germany